WIEN - BOLOGNA - ROMA
(Via LEOBEN - PONTEBBA)

	Entf. Km.	STATIONEN	Entf. Km.		
14 » ab.	»	WIEN Südbahnhof	1258 ab.	16 30	
14 52	49	Wiener Neustadt	1209	15 19	
15 24	75	Gloggnitz	1183	14 46	
16 05	111	Semmering	1146	14 2	
16 11	130	Mürzzuschlag	1128	13 35	
17 22	171	Bruck a. d. M.	1087	12 51	
17 33	188	Leoben	1070	12 27	
18 »	200	St. Michael	1058	12 6	
18 31	222	Knittelfeld	1036	11 45	
20 51	324	St. Veit a. d. Glan	934	9 13	
21 »	375	Villach	823	8 9	
22 32	393	Tarvis	855 ab.	7 51	
23 15 au	436	PONTAFEL	823 ab.	6 40	
23 » ab			an	6 »	
23 57 an	437	PONTEBBA	621 ab.	6 »	
4 29 an		VENEZIA	627 an	1 1	
4 55 ab	447		an	0 55	
7 21 an	502	BOLOGNA	587 an	22 20	
7 55 ab			ab	21 56	
11 » an	653	FIRENZE S. M. N.	556 ab.	18 30	
11 50 ab			an	18 2	
17 10 an	1269	ROMA T.	»	12 40	
18 20 ab		ROMA T.	»	12 »	
22 25 an	»	Napoli C.	»	8 »	
14 3 ab	»	Giardini-Taormina	»	15 10	
18 10 an	»	Palermo	»	11 25	

Abfahrt von **Wien** nach **Roma** am Montag, Donnerstag und Samstag vom 14. Januar bis 27. April 1911.

Abfahrt von **Roma** nach **Napoli** am Dienstag, Freitag und Sonntag vom 2. December 1910 bis 12. Mai 1911.

Abfahrt von **Napoli** nach **Palermo** am Freitag und Sonntag vom 6. Januar bis 25. April 1911.

Abfahrt von **Napoli** nach **Giardini-Taormina** am Dienstag vom 3. Januar bis 25. April 1911.

Abfahrt von **Roma** nach **Wien** am Montag, Mittwoch und Samstag vom 16. Januar bis 29. April 1911.

Abfahrt von **Napoli** nach **Roma** am Montag, Mittwoch und Sonntag vom 5. December 1910 bis 14. Mai 1911.

Abfahrt von **Palermo** nach **Napoli** am Dienstag und Sonntag vom 8. Januar bis 30. April 1911.

Abfahrt von **Giardini-Taormina** nach **Napoli** am Freitag vom 6. Januar bis 28. April 1911.

VENEZIA
ROMA-NAPOLI
(PALERMO – TAORMINA)

Sehnsucht nach dem Meer

Plakat aus Grado (Detail), 1948. Entwurf: Mario Puppo.

Johannes Thiele

Sehnsucht nach dem Meer

Reisen, um glücklich zu sein

Brandstätter

Frank Weston Benson: Sommer, 1909

Inhalt

Seite 6 • Einleitung

Sehnsucht nach dem Meer

Seite 18 • Erstes Kapitel

Côte d'Azur

Seite 34 • Zweites Kapitel

Italienische Riviera

Seite 48 • Drittes Kapitel

Süditalien

Seite 68 • Viertes Kapitel

Adriatisches Meer

Seite 86 • Fünftes Kapitel

Spanien, Portugal und Griechenland

Seite 100 • Sechstes Kapitel

Frankreich, Belgien und Holland

Seite 120 • Siebtes Kapitel

Britische Inseln

Seite 140 • Achtes Kapitel

Nordsee und Ostsee

Sehnsucht nach dem Meer
Die visuelle Verführung der Travel Poster

Die Plakate zielen mitten ins Herz: Schöne Frauen sitzen auf Balustraden oder rosengeschmückten Balkonen, stehen auf Terrassen unter schattigen Bäumen, um die herrliche Aussicht aufs Meer zu bewundern, das sich in türkisblauer Unendlichkeit erstreckt. Oder sie baden in den Wellen, übermütig, berauscht vom Wasser. Und sie alle übermitteln uns eine Sehnsuchtsbotschaft: *Würdest du nicht auch am liebsten hier sein, wo ich bin?*

Hunderttausende antworteten auf diese Frage mit einem enthusiastischen »Ja!«. Von 1890 bis in die sechziger Jahre des vergangenen Jahrhunderts haben Reiseplakate wie dieses eine verführerische Schlüsselrolle gespielt: Sie haben die Sehnsucht nach dem Meer geweckt, nach endlosem Sonnenschein, atemberaubenden Landschaften, glamourösem Leben und entspannenden oder überschäumenden Strandfreuden. Lange vor Fernsehen und Internet, lange vor den Urlaubskatalogen und Hochglanzmagazinen setzten Reiseplakate diese Bilder sirenenhaft in die Köpfe der Menschen: irisierende

Bilder von der Côte d'Azur, der Riviera, der Adria. Bilder vom Meer. Vom Meer und mehr.

Diese sonnentrunkenen Bilder von der Sorglosigkeit am und im Wasser gaben den Orten an den Küsten von Nord- und Ostsee, an Atlantik und Mittelmeer Auftrieb. Für die Entwicklung des Tourismus waren sie unersetzlich. Immer sprachen sie die Sehnsucht an. Denn ganz im

oben: Fenster auf und Meerluft schnuppern. Die französische Eisenbahn hatte schon früh ihre Strecken an die Meeresküsten ausgebaut und präsentierte sich selbstbewusst mit Verbindungen zu den wichtigen Küsten in Mittelmeer und Atlantik.

links: Die Welt des Phileas Fogg. Internationale Bahn- und Schiffgesellschaften werben hier gemeinsam für die Weltreise mit Schnelldampfer und transkontinentalen Eisenbahnlinien. Plakat, um 1890. Entwurf: A. Schindeler.

Geheimen, tief im Inneren, verstand jeder Betrachter der Plakate ihr verborgenes Mantra: »Da, wo du nicht bist, ist das Glück«. Es musste wohl am Meer zu finden sein. Also zogen die Reisenden aus, das Glück dort zu suchen, wo kilometerlange Strände lockten. Die Touristikbranche, eine ganze Glücksindustrie lebte von dem Verlangen, dieser herrlich wildblühenden Paradoxie des Lebens nachzugeben. Jedes Plakat, das die Passanten aus dem Schaufenster eines Reisebüros anlachte, hat sie geradezu glücksstrategisch verführt, ihnen eine kaum auszuhaltende Sehnsucht ins Herz gezwungen, ihnen einen Stich und ein plötzliches Verlangen gegeben, jetzt, sofort, auf der Stelle die Tickets zu kaufen, die Koffer zu packen und das Taxi zum Bahnhof oder Flughafen zu bestellen.

Warum ich das im Imperfekt schreibe? Weil es Vergangenheit ist. Heute hängen in den Schaufenstern der Reisebüros keine glückstrunkenen Poster und Plakate mehr, sondern profane Zettel, auf denen *Last Minute* steht und *Korfu 2 Wo. nur € 399,-*. Die Bilder holen wir uns auch nicht mehr aus Bildbänden, Reiseführern und Ferienkatalogen, sondern in nicht enden wollenden Klickorgien im Internet. Dort surfen wir ablenkungsbereit durch Myriaden von Pixeln, und wenn etwas keinen *Gefällt mir*-Button hat, werden wir misstrauisch.

Die Zeiten, in denen tausend bunte Fahnen in unserem Herzen flatterten und uns in eine irisierende Stimmung brennender Glückserwartung versetzten, sind unwiderruflich vorbei. Reisen – das ist kein *Falling in Love*

CÔTE D'AZUR

SOCIÉTÉ NATIONALE DES CHEMINS DE FER FRANÇAIS

mehr. Wir stürzen uns nicht mehr wie Verliebte, sehnsüchtig, kopfüber und unzurechnungsfähig in die unbekannten Abenteuer des Reisens.

Keine Frage, die Welt verändert sich von Tag zu Tag – und die Art des Reisens mit ihr. Orte, die heute noch im Trend sind, können morgen schon wieder in den Dornröschenschlaf zurücksinken, und es ist keineswegs ausgemacht, was für sie besser wäre.

So ist auch die große Zeit des Reiseplakats vorbei. Diese prächtigen Poster, diese unsere Augen und Herzen öffnenden Artefakte sind Geschichte. Nachdem die

Bedeutung der Reisebüros und *Travel Agencies* abgenom-
men hat und auch die Airports nur noch daran interes-
siert sind, ihre riesigen Wandflächen an Werbepartner zu
vermieten, gibt es kaum noch Plätze, an denen ein Seebad
oder ein Verkehrsunternehmen mit phantastischen Bildern für sich werben kann.

Doch wenn sie auch Geschichte sind, die *Travel
Poster* – was für eine Geschichte! Sie begann just
in dem Augenblick, als Eisenbahn, Ozeandamp-
fer und Flugzeug als technologische Wunder des
frühen zwanzigsten Jahrhunderts nicht nur das
Reisen luxuriöser, rascher und leichter machten,
sondern dem, was man Tourismus nannte, zu
ungeahntem Aufschwung verhalfen. Die neue
Freiheit, die Welt zu erforschen, läutete eine
glückliche Zeit des Reisens ein, das sich trotz
katastrophaler »Unterbrechungen« durch Kriege
und Weltwirtschaftskrisen wie eine einzige Er-
folgsgeschichte liest.

So unglaublich es klingt: Bei vielen Meeres-
küsten handelte es sich übrigens zunächst um Winter-
resorts. Man kam anfangs nicht ans Meer, um zu schwim-
men, sondern um die frische Seeluft zu atmen, um
Lungenkrankheiten zu heilen oder ihnen vorzubeugen.
Erst nach dem Ersten Weltkrieg öffneten die großen
Hotels auch vermehrt im Sommer. Und mit ganzjähriger
Saison lockten dann viele Seebäder.

Waren früher nur Adlige auf ihrer *Grand Tour* durch
Europa gereist, so folgte ihnen im zwanzigsten Jahr-
hundert die Mittelklasse. Als um 1900 immer mehr
Eisenbahngesellschaften den europäischen Kontinent

rechte Seite: Mit Sonnenschirm und neuem Hut wagen sich Damen
aus Paris in die Natur. Plakat, um 1910. Entwurf: D. Dellepiane.

ALLES FÜR STRAND UND BAD BEI

Zwieback
WIEN
I. Kärntnerstrasse

JACK

Die Bezeichnung Zwieback in dem Plakat bezieht sich auf das Nobel-Kaufhaus von Ludwig Zwieback und seinen Brüdern, das sich seit 1895 in der Kärntnerstraße befand. Plakat, um 1925. Entwurf: Jack.

mit einem engmaschigen Netz von Bahnlinien überzogen, nicht mehr ganz so luxuriöse Hotels und teure Restaurants geöffnet hatten, suchte eine steig wachsende Zahl von Leuten diese Plätze, die Sonne, das Meer und die Farben, die sie auf den Plakaten gesehen hatten. Zur selben Zeit wurde die Schifffahrt immer schneller und komfortabler: Transkontinentale *Oceanliner* wurden zu schwimmenden Luxushotels und stellten bei der Überquerung des Atlantiks immer neue Rekorde auf. Auch die Luftfahrt erhob sich in ungeahnte Weiten und Höhen, und die Automobilisierung ließ die Urlaubsziele des Kontinents näher aneinander rücken.

Heute gelten vor allem die zwanzig Jahre von 1920 bis 1940 als die »Goldene Zeit des Reisens«. Der Tourismus war bereits ein großes Geschäft. Nicht ohne Grund erlebte die Werbung in dieser Zeit ihre Blüte: Reisebüros und Fahrkartenschalter lockten die sonnenhungrigen Urlauber mit farbenprächtigen Plakaten, propagierten neue Destinationen und verhießen die unvergleichlichen Schönheiten, Vergnügungen und Abenteuer des Reisens ans Meer.

Diese überaus wirksamen Werbemittel rückten all die Plätze, Ereignisse und Produkte in den Blickpunkt, aus denen die Sehnsucht ihren Stoff, aus dem die Träume sind, webt. Ihren Höhepunkt fand die Plakatkunst, als berühmte Künstler wie Matisse, Seignac, Picasso, Chagall

Seit 1930 arbeiteten die beiden großen deutschen Reedereien Norddeutscher Lloyd und HAPAG aus wirtschaftlichen Gründen eng zusammen, unter anderem bei Mittelmeerfahrten. Titelblatt einer Reisebroschüre, um 1930.

unwiderstehliche Motive für hinreißende Poster illustrierten und damit deren Gestaltung ästhetische Impulse gaben: Sie schufen Ikonen des Begehrens, sie gaben der Sehnsucht eine Richtung und ein Ziel. Plakatdesigner folgten den Trends und Stilen der Kunst: der Eleganz des Art Nouveau, dem Art Deco mit seinen fließenden geometrischen Formen, die noch die zwanziger Jahre prägten.

Rasch vorbei war das noch in den ersten Jahren nach der Jahrhundertwende bevorzugte Durcheinander von Bildern und Texten, das Wirrwarr an Informationen,

Die amerikanische Pullman Company produzierte nicht nur exklusive und komfortable Schlafwagen, sie betrieb diese auch in einer eigenen Eisenbahngesellschaft. Plakat, um 1925. Entwurf: Welsh.

Enttäuscht über die britische Bed-and-Breakfast-Praxis, errichtete Billy Butlin in den 1930er Jahren die ersten Feriencamps in England, vorzugsweise an der englischen Ostküste.
Plakat, 1960. Entwurf: Mervin Scarf.

Ein Blick ans andere Ende
der Welt: Auch in Australien
wirbt man für Badefreuden
und Sonnenkult. Plakat, 1936.
Entwurf: Gert Sellheim.

das auf den Plakaten herrschte. Die Linien wurden klarer, die Aussagen griffiger, die Bilder konzentrierter: Nun war es zumeist eine einzige, den Blick auf sich ziehende Illustration, die das Plakat dominierte; es war nun weniger detailreich, dafür von dramatischer Kraft. Der Trend der Plakatkunst ging von der puren Illustration zum einprägsamen Symbol.

Nach dem Zweiten Weltkrieg waren die Plakate dominiert von Szenen einfacher Sonnen- und Strandfreuden. Farbenprächtig, sinnlich, fröhlich, auch erotisch. Man wollte die Schrecken der unmittelbaren Vergangenheit hinter sich lassen und blickte mit optimistischer Entschlossenheit in eine glückliche Zukunft. Und sie war glücklich, zumindest noch in den fünfziger und sechziger Jahren, zumindest in den Orten, die am Meer lagen, die schöne Strände, verrückte Beach-Partys, Jetset-Highlife und Sonne satt zu bieten hatten. Indem es große Bilder und schlichten Text miteinander kombinierte, entwickelte sich das *Travel Poster* zu einem effektiven Medium, Menschen zu Reisen ans Meer zu inspirieren und an die europäischen Strände zu locken.

Die Reiseplakate wurden geradezu zu visuellen Fixpunkten in Reisebüros, Flughäfen und Bahnhöfen in Europa und Amerika. Sie waren auch in den fünfziger und noch in den sechziger Jahren äußerst beliebt, hatten jedoch eine Transformation im Design hinter sich. Mit der Zeit war die Botschaft der Bilder prägnanter geworden, das Design aggressiver und moderner, mit dem *Flower Power* der späten sechziger Jahre aber auch wieder verspielter.

Nach einer triumphalen, ein Dreivierteljahrhundert dauernden Karriere ist die Kunst der Reiseplakate nur noch ein kleines, aber liebenswertes Kapitel in der Kunstgeschichte. Heute laden uns diese Vintage-Bilder zu einer Zeitreise ein, zu einer Reise in frühere Epochen der Kunst und des Zeitgeists. Heute ist das Reiseplakat ein Zitat, beliebt vor allem bei Plakatsammlern, die sie mehr als andere Sujets lieben, weil sie unsere Träume von Abenteuer, Schönheit und Meereslust inspirieren. Das Reiseplakat, dessen Geschichte wir hier erzählen, ist passé. Unsere Sehnsucht nach dem Meer jedoch nicht.

Pavillons verwandeln den Strand in ein Theater. Im Hintergrund spielt eine Militärkapelle, Laubengänge und Geländer schützen vor allzu viel Sonne und Meer. Plakat, 1926. Entwurf: Henry George Gawthorn.

Côte d'Azur

Wichtiger noch als das Meer ist bei den frühen
Plakaten der Côte d'Azur die üppige Vegetation.
Plakat, um 1900. Entwurf: Ernest Louis Lessieux.

St. Tropez, das von einem ganz besonders magischen Licht erfüllte kleine Fischerdorf am östlichen Fuß des *Massif des Maures,* zog zahlreiche Künstler wie Pierre Bonnard, Paul Signac und Henri Matisse an. Hier entwickelte sich die Malerei vom Pointillismus zum Fauvismus. Doch der eigentliche Aufschwung von »St. Trop« begann in den fünfziger Jahren, als sich der Ort zu einem Treffpunkt von Künstlern und der High Society entwickelte. Einladend öffnete sich für sie der große Yachthafen und die *Baie de Pampelonne,* der größte Sandstrand an der Côte d'Azur, die zusammen mit zahlreichen teuren Restaurants, Strandclubs und Boutiquen auch den Jetset der Schönen und Reichen anlockten. Dieser anhaltende Boom wurde nicht unwesentlich von Brigitte Bardot ausgelöst. Nach ihrem Film *Und ewig lockt das Weib* (1956) galt sie in den fünfziger und sechziger Jahren als Frankreichs *Beauté No. 1* und eigentliche Entdeckerin von St. Tropez. Sie prägte wesentlich Geschmack, Stil und Zeitgeist der sechziger und siebziger Jahre. Und auch den lässigen Beach-Chic an der Côte d'Azur.

20

Die P.L.M., die Paris-Lyon-Méditerranée, war von 1857 bis 1938 die größte Privatbahn Frankreichs und betrieb Eisenbahnlinien im Südosten Frankreichs. Plakat, um 1930. Entwurf: Julien Lacare.

Antibes, östlich von Cannes und westlich von Nizza am Fuß der Alpen und an der Küste des Mittelmeers gelegen, gilt nicht nur zusammen mit dem Seebad Juan-les-Pins als beliebtes Urlaubsziel an der Côte d'Azur, sondern ist zugleich eine der ältesten Städte an der französischen Riviera. Die malerisch verwinkelte Altstadt lädt zum Flanieren ein, der berühmte See- und Yachthafen Port Vauban (mit ca. 1.700 Liegeplätzen einer der größten Yachthäfen Europas) zum Schauen und Gesehenwerden. In der Antike hatten die Griechen hier eine kleine Station für den Handel mit den Küstenbewohnern eingerichtet; Umtriebigkeit gehört sozusagen seit jeher zum Selbstverständnis von Antibes. Der touristische Aufschwung begann jedoch erst mit dem 1882 gegründeten Seebad Juan-les-Pins, wo sich viele Schriftsteller und Künstler wie beispielsweise Pablo Picasso niederließen. Die Halbinsel südlich der Stadt – Cap d'Antibes – ist eine Bastion von Exklusivität und Reichtum, berühmt geworden nicht zuletzt als Schauplatz des Romans *Zärtlich ist die Nacht* von F. Scott Fitzgerald: Das *Hôtel des Étrangers* – heute *Hôtel du Cap-Eden-Roc* – ist eines der luxuriösesten Hotels der Welt.

Frühling am Meer. Die trutzigen Befestigungen von Antibes mussten sich noch unter Napoleon bewähren. Plakat, 1895.

Werbung für ganzjährige Saison. Plakat, dreißiger Jahre. Entwurf: Roger Broders.

Blick von Théole Richtung Cannes, Antibes und Nizza. Hinter Nizza sind die schneebedeckten Seealpen zu sehen.

Plakat, um 1910. Entwurf: Moul & Tangry.

Nizza ist bunt wie ein Regenbogen: blau die Bucht, rot die Dächer, ockergelb die Häuser und grün die Gärten. Das mediterrane Licht lässt die Farben intensiver leuchten als anderswo. Es riecht nach Meer, Gewürzen und Blumen. Schon Friedrich Nietzsche, der mehrere Winter in Nizza verbrachte, bekannte: »Ich habe die Luft von Leipzig versucht, die von München, von Florenz und von Genua: Nizza hat den Wettbewerb gewonnen.« Zum Flanieren lockt seit Mitte des neunzehnten Jahrhunderts die *Promenade des Anglais,* die, wie der Name schon verrät, den Engländern (durch eine Kollekte der anglikanischen Kirche) zu verdanken ist: Lords und Ladies, Künstler und Kurtisanen, aber auch Kaiserin Elisabeth und Kaiser Franz Joseph spazierten die weltberühmte Uferpromenade entlang. Ab 1920 kamen dann Film- und Chansonstars hinzu. Galt Nizza lange Zeit ausschließlich als Glamour-Metropole und Paradies für Pensionäre, so zeigt sich die Stadt an der Côte d'Azur inzwischen als weltoffen, jung und dynamisch.

Nizza lockte die Reisenden auch in der Wintersaison. Plakat der Französischen Eisenbahnen, Ende des neunzehnten Jahrhunderts. Entwurf: Frédéric Hugo d'Alesi.

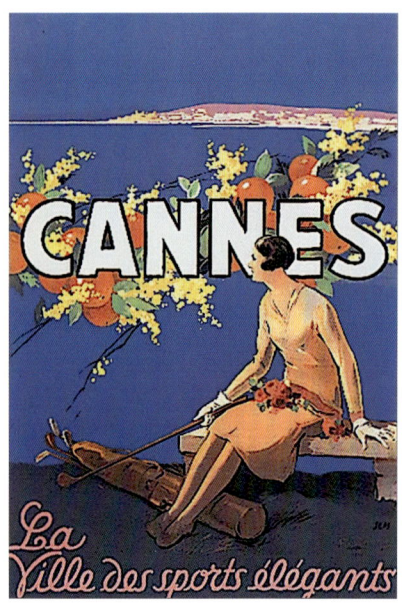

Cannes als Stadt des eleganten Sports. Plakat, um 1925.

Cannes scheint das südfranzösische Synonym für den Treffpunkt der Reichen und Schönen zu sein, ein Fixpunkt mit mondänem Charakter. Somerset Maugham meinte gar: »Die Côte d'Azur ist eine sonnige Gegend für zwielichtige Leute.« Laufsteg für die große Welt ist seit 1868 die von Palmen gesäumte *Croisette*, eine Flaniermeile von zwei Kilometern Länge, die sich den Strand entlang schlängelt und heute mit dem Autoverkehr kämpft. Angelegt nach dem Vorbild der *Promenade des Anglais* in Nizza, bietet dieser Prachtboulevard einen atemberaubenden Blick über Edelboutiquen, Restaurants, Luxushotels und Bars, die sich wie Perlen an einer Kette aneinander reihen. Auch in den nicht weniger als drei Casinos und im *Palais des Festivals et des Congrès*, wo seit 1946 die Internationalen Filmfestspiele stattfinden, tummelt sich der globale Jetset. Direkt unterhalb der *Croisette* lockt ein breiter Sandstrand, und wem das noch nicht reicht, kann die südlich der Stadt und vom Strand aus gut sichtbaren Inseln Sainte-Marguerite (mit dem *Musée de la Mer*) und Saint-Honorat aufsuchen.

Sommer und Winter an der Côte d'Azur. Plakat, um 1930.

Bewacht und umgeben von Blumenpracht genießt eine Dame den Anblick des Meeres und

die heilsame Luft. Baden spielte auch um 1900 nur eine untergeordnete Rolle. Plakat, 1904.

Entwurf: Frédéric Hugo d´Alési.

Monaco, mit nur knapp zwei Quadratkilometern Fläche der zweitkleinste, jedoch am dichtesten besiedelte unabhängige Staat der Welt, liegt von Frankreich umschlossen an der Mittelmeerküste. Beschützt von der Fürstenfamilie Grimaldi, deren Glamour und Steuerfreiheit Prominente aus aller Welt anlockt (die hier in verschiedenen Yachthäfen vor Anker gehen) wirkt dieses eng und hoch bebaute, klaustrophobische Konglomerat an den Felsen geklebter Bauten wie ein *Manhattan am Mittelmeer*. Das zumeist von Touristen frequentierte Casino befindet sich in Monte-Carlo – keineswegs, wie oft fälschlicherweise angenommen wird, die Hauptstadt von Monaco,

Auch Alphonse Mucha (1860–1939), einer der populärsten Maler der Jahrhundertwende, arbeitete für die PLM. Plakat, 1897.

Das Casino von Monte Carlo nahm bereits 1856 seinen Betrieb auf und ist eine wichtige Einnahmequelle des Fürstentums. Plakat, um 1910.

Das wiedergefundene Paradies verheißt dieses Plakat zum Strand von Monte-Carlo, 1932. Entwurf: Georges Coursat.

sondern ein Stadtteil mit besonders hoher Prominenz-Konzentration. In Larvotto befindet sich der öffentliche Strand Monacos, in den warmen Sommermonaten ein sehr beliebtes Ausflugsziel für Einheimische und Gäste.

IMPRIMERIE NATIONALE · MONACO

MONTE-CARLO

Monte Carlo als Blumenstrauß. Plakat, um 1960. Entwurf: Jean-Gabriel Domergue.

In 17 ½ Stunden von Paris aus oder 11 Minuten von Monaco aus erreichte man das italienisch angehauchte Zitronenparadies von Menton. Plakat, 1899. Entwurf: Frédéric Hugo d′Alési.

Menton (italienisch *Mentone*) liegt direkt an der Grenze zwischen Frankreich und Italien und punktet durch seine geschützte Lage vor den Ausläufern der Seealpen mit besonders mildem Klima – im Winter gilt es als der wärmste Ort der Côte d'Azur. Verglichen mit anderen Orten ist es hier still, friedlich, gediegen. Bis 1861 gehörte Menton zum Besitz der Grimaldis, war also gleichsam das Hinterland von Monaco. Dann wurde die Stadt selbständig, und auch hier setzte Ende des neunzehnten Jahrhunderts der Fremdenverkehr ein: Da das Klima von Ärzten als besonders heilungfördernd bei Tuberkulose empfohlen wurde, avancierte die Stadt rasch zu einem beliebten Winterquartier für Engländer und Russen, mit luxuriösen Kliniken und Sanatorien der Belle Epoque. Noch heute prägen die großen Hotels,

Zehn Jahre später brauchte man nur mehr 14 Stunden. Plakat, um 1910. Entwurf: Ernest Louis Lessieux.

Gärten und Parks das Stadtbild. Im günstigen Klima von Menton gedeihen subtropische Pflanzen besonders gut. Die Altstadt mit ihren pastellfarbenen Häuserfassaden vermittelt ein stark italienisches Flair. Die *Promenade du Soleil*, der Uferboulevard, wirkt mit ihrem schönen Strand bei weitem weniger touristisch als zum Beispiel die Strandmeilen in Nizza und Cannes.

Toulon an der Mittelmeerküste, sechzig Kilometer südöstlich von Marseille gelegen, ist der Heimathafen der französischen Marine im Mittelmeer. Als Militärhafen hatte die Stadt bereits in der Antike Bedeutung, die sich noch steigerte, als sie sich im Mittelalter gegen die Angriffe von Sarazenen und Piraten zur Wehr setzte. Obwohl der Marinehafen noch immer das Stadtbild prägt, war Toulon um die Jahrhundertwende auch ein attraktives Ziel für Reisende und Touristen, die die spektakulären Ausblicke aufs Meer, die Toulon ihnen bot, liebten. Im Zweiten Weltkrieg war die Stadt ein Flucht- und Exilort für viele Verfolgte, unter anderen Thomas und Heinrich Mann, Bertolt Brecht, Stefan Zweig, Franz Werfel und Joseph Roth.

Auch die Pinien sind in diesem Plakat im Stil des Art Déco geformt. Plakat, 1922. Entwurf: Lauren Matteo.

Italienische Riviera

Malkasten, Blumen und Schirm sind abgelegt. Der Blick ist so
atemberaubend, dass man sich am Stamm einer Pinie festhalten
muss. Plakat, 1899. Entwurf: Henri-Garnier Tanconville.

Marina di Massa, ein Badeort am Tyrrhenischen Meer, also in der Toskana, war lange Jahre für Strandurlauber höchst attraktiv und galt noch in den fünfziger und sechziger Jahren als beliebtes Zentrum von Strandleben und Badekultur. Inzwischen ist der Ort jedoch durch die *Autostrada Azzura* und ein ausgedehntes Industriegebiet von seiner Gemeinde Massa getrennt und hat einiges von seinem Charme eingebüßt.

Der Parco Tigullio ist eine Freizeitanlage in Lavagna mit Restaurants und Veranstaltungssälen, eingebettet in einen Pinienwald. Plakat, um 1950.

Vor allem die frühe Nachkriegszeit boomten die Fischeridyllen. Plakat, um 1950. Entwurf: Alfredo Lalia.

rechte Seite:

Die Dame rudert vergnügt auf einem Katamaran aus Holz. Plakat, 1949. Entwurf: Filippo Romoli.

MARINA DI MASSA
APUANIA

Livorno am Tyrrhenischen Meer ist Hauptstadt der gleichnamigen Provinz in der Toskana. In der Renaissance galt sie als Medici-Stadt und war für die Florentiner ein wichtiger Zugangspunkt zum Meer, daher begannen sie mit dem Ausbau eines Hafens. Doch die Küstenregion am nördlichen Ende der sumpfigen *Maremma* war relativ unwirtlich; der Ort florierte erst, als er als »ideale Stadt« wie am Reißbrett angelegt wurde: rechtwinklige Straßen, umgeben von einer sechseckigen Wallanlage und Wassergräben. Die Sümpfe wurden trockengelegt, Handels- und Glaubensfreiheit gewährt – Livorno wurde zu einer kosmopolitischen und multireligiösen Stadt, die sich in ständiger Rivalität mit Pisa befand und als Spielball der mächtigen Republiken immer wieder den Besitzer wechselte. Neben Rom und Ferrara zählte Livorno zu den Lieblingsstädten des Regisseurs Pier Paolo Pasoloni: »Auf den chaotischen, prächtigen, breiten Strandpromenaden liegt immer ein Fest in der Luft.«

Weinpräsentationen, Kunstausstellungen, Automobil- und Pferdevorführungen ergänzten um 1900 den Badebetrieb. Plakat, 1901. Entwurf: Leonetto Cappiello.

rechte Seite: Der Plakatgrafiker Aurelio Craffonara liebte es, kulissenartige Vor- und Hintergründe zu kombinieren. Loano-Plakat, 1929.

LOANO
STAZIONE BALNEO-CLIMATICA UFFICIALE
(RIVIERA DI PONENTE)

Alassio, ein bekannter Touristenort an der *Riviera di Ponente*, bietet an diesem Abschnitt der Küste eine Seltenheit: natürlichen Sandstrand, teilweise nur zehn Meter breit, dafür jedoch drei Kilometer lang. Wie bei den anderen Küstenorten an der italienischen Riviera, begann auch in Alassio der touristische Aufstieg Ende des neunzehnten Jahrhunderts mit einem Zustrom englischer Besucher, die viel Geld in der Stadt ließen. Zarah Leander, Maxim Gorki, Ernest Hemingway und Edward Elgar gehörten zu ihren prominenten Besuchern. Noch heute lebt sie von ihren Feriengästen, übrigens im Sommer wie im Winter.

Ob Torbogen oder Terrasse mit Blumenschmuck: Die helle und heiße Küstenlandschaft ist bei Aurelio Craffonara stets von Kühle spendenden Motiven eingerahmt. Plakat, 1929.

Varazze lebte jahrhundertelang vom Schiffsbau (zeitweise gab es hier über vierhundert Werften und Hersteller von Schiffszubehör), bevor 1887 das erste Strandbad eröffnet wurde und sonnenhungrige Reisende anlockte. Die Lage an der ligurischen Küste, die palmengesäumte Strandpromenade, die Zuerkennung der *Blauen Flagge,* die Badeorte mit einer besonders hohen Wasser- und Strandqualität auszeichnet, befördern die Beliebtheit dieses Urlaubsziels.

Aurelio Craffonara war ein vielbeschäftigter Grafiker, Illustrator und Karikaturist, dessen Tourismus-plakate sich zwischen traditionellem Naturalismus und Impressionismus bewegen. Plakat, 1927.

Portofino, im Westen des *Golfo del Tigullio* an einer reizvollen Bucht der gleichnamigen Halbinsel gelegen, beeindruckt vor allem mit der landschaftlichen Lage seines von Luxusyachten dicht belegten Hafens sowie mit den schön erhaltenen Fischerhäusern. Zahlreiche Prominente – von Kaiser Wilhelm II. bis Frank Sinatra – verhalfen dem nobelsten Urlaubsort der Riviera zu Ruhm und Reichtum. Das Castello di San Giorgio aus dem sechzehnten Jahrhundert kaufte übrigens Ende des neunzehnten Jahrhunderts der deutsche Sektkönig Baron Alfons von Mumm, der es zu einer Gartenvilla umgestaltete. Der Touristenansturm, der Portofino immer wieder an die Grenzen seiner Kapazitäten bringt, hat auch seinen Preis: Als Ausflugsziel für Reisende aus aller Welt muss man Portofino gesehen haben; entsprechend hoch sind die Besucherströme. Zumal hier immer wieder auch italienische und internationale Filme gedreht werden, so zum Beispiel 1992 – im Castello Brown – *Enchanted April* (Verzauberter April) des Regisseurs Mike Newell, der hier eine Novelle der britischen Schriftstellerin Elizabeth von Arnim verfilmte.

LA RIVIERA ITALIENNE
PORTOFINO PRÈS DE S.MARGHERITA ET RAPALLO

Sanremo

Wer jemals durch die orientalisch anmutende *Kasbah* – ein verwinkeltes Gewirr von pittoresken Gassen in der Altstadt *La Pigna* – flaniert ist, wird den ungewöhnlichen Reiz des italienischen Kurortes Sanremo (auch San Remo) gespürt haben. Anfang des neunzehnten Jahrhunderts, als die Uferstraße nach Nizza ausgebaut wurde, war es ein bedeutender Umschlagplatz für Zitrusfrüchte. Dreihundert Sonnentage im Jahr garantieren hier die »ewige Saison«. Verwöhnt von dem in der weiten Bucht zwischen dem Kap Nero und dem Kap Verde herrschenden milden Klima, ist dieser beliebte Badeort nach wie vor das Zentrum der sogenannten *Riviera dei Fiori* (Blumenriviera). Nicht ohne Grund wird Sanremo mit all seinen Rosen und Nelken auf dem großen Markt auch die *Blumenstadt* genannt (mit Blumenkorso). Und wie in den fünfziger Jahren bildet das Casino noch immer die Hauptattraktion. Prominentester Einwohner war übrigens Alfred Nobel, der hier in einer Villa im Osten der Stadt lebte. Ihm folgten zahllose adlige und reiche Müßiggänger, die aus dem verschlafenen Fischerort ein Zentrum der eleganten Welt machten. Allein im letzten Viertel des neunzehnten Jahrhunderts wurden hier über zweihundert Luxusvillen und Hotels gebaut.

Die malerische Bucht von Sanremo mit *bellavista* von einer Terrasse. Viele Tourismusplakate der Zwischenkriegszeit entstanden in Zusammenarbeit zwischen italienischer Eisenbahn (FS) und dem italienischen Fremdenverkehrsamt (ENIT), 1928. Entwurf: Vincenzo Alicandri.

Santa Margherita Ligure, an der Küstenstraße zwischen Rapallo und Portofino gelegen, hat sich den Titel *Perle von Tigullien* und den Ruf einer kleinen, mondän-eleganten Hafenstadt in der italienischen Riviera verdient. Nicht nur mit seiner Lage in der Mitte des *Golfo del Tigullio* und einer palmengesäumten Uferpromenade bezaubert dieser bei den Touristen sehr beliebte Ort, sondern auch mit seiner mediterranen Vegetation in üppig blühenden Gärten und Parks ebenso wie mit dem atemberaubenden Blick auf die *Costa dei Delfini* (Delphinküste), an der sich auch der nahe gelegene Magnet Portofino befindet. Seit Jahrzehnten hat Santa Margherita, von den Einheimischen kurz auch einfach Santa genannt, daher vor allem mit luxuriösen Hotels, Seebädern und einem Hafen, in dem traditionelle Fischerboote neben Luxusyachten ankern, seine Attraktivität steigern können. Ein Zentrum des Wassersports, dessen internationale Regatten Jahr für Jahr Zehntausende von Besuchern anziehen.

SANTA·MARGHERITA·LIGURE

Legeres Strandleben verspricht dieses Plakat, 1934. Entwurf: Viero Migliorati.

Typisch für die 1930er Jahre: Der Blick der Plakatgestalter verschiebt sich von der
maritimen Natur auf die weiblichen Akteure, die sich nun deutlich sportlicher präsentieren.
Plakat, 1938. Entwurf: Walter Molino.

Süditalien

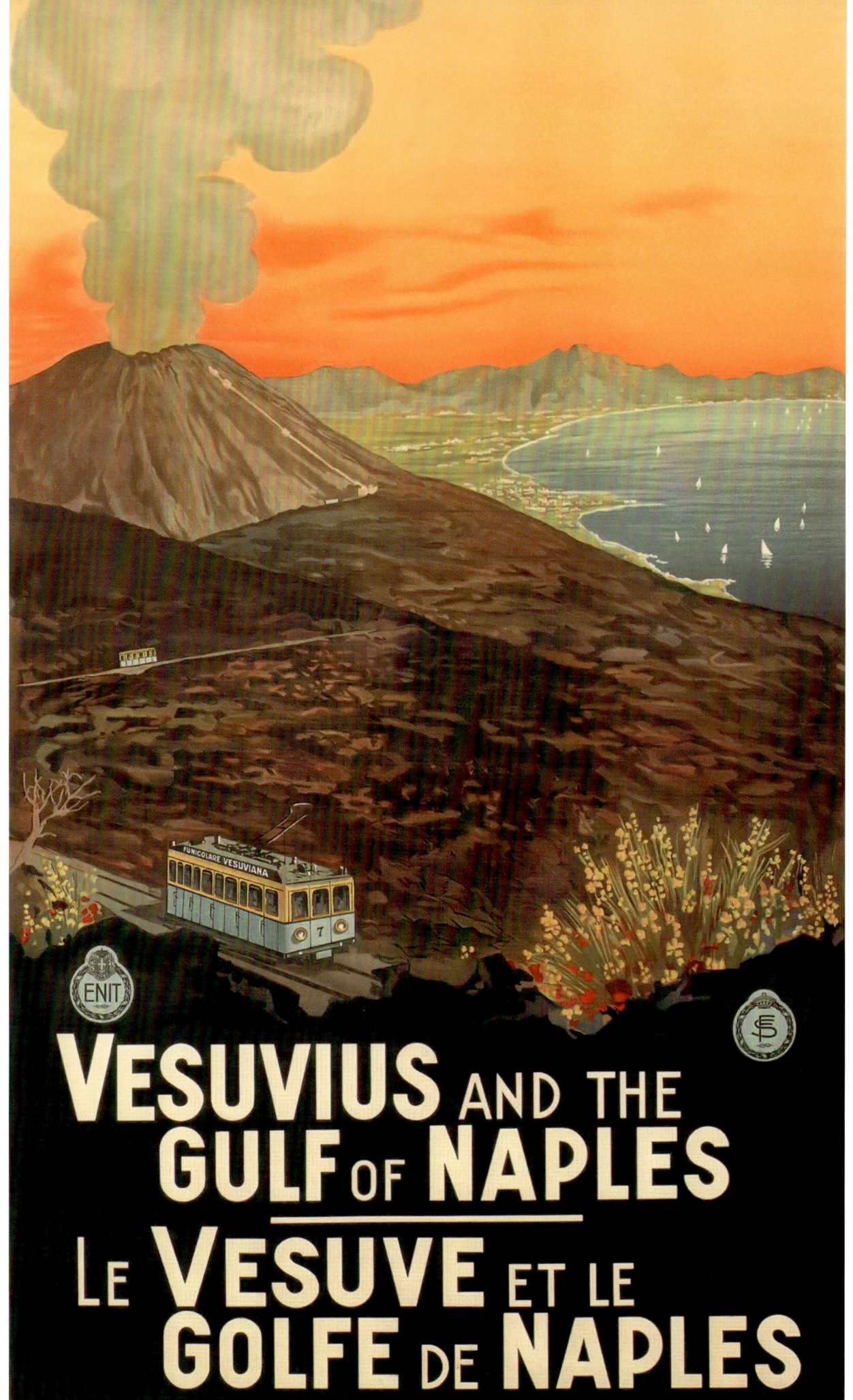

Neapel sehen und sterben, hieß es einst, betört von der Schönheit dieser Stadt. Anderen – wie Sigmund Freud – war Neapel unheimlich wegen des Lärms und des Gestanks; der Erfinder der Psychoanalyse bezeichnete es als »Hundenest und Affenkäfig«, auch wenn er das Panorama (von Sorrent aus) bewunderte. Gefährdet durch ihre Lage am Rand des Golfs von Neapel, eines Supervulkans von dreißig Kilometern Durchmesser (mit dem bekannten Vesuv), begünstigt von Thermalquellen und mediterranem Seeklima, verlief Neapels Geschichte höchst wechselvoll. Nach Jahren der Stagnation und der Skandale sieht sich die Millionenmetropole heute wieder im Aufwind, auch durch die Erklärung des gesamten *centro storico* (Altstadt) zum UNESCO-Weltkulturerbe. Wirtschaftlich spielt Neapel in der Oberliga keine Rolle, touristisch schon. Doch obwohl am Meer gelegen und mit dem *Porto di Napoli* (Hafen) alles abdeckend (Passagier- und Frachtverkehr, Kreuzfahrtterminal und Fährverbindungen), orientieren sich Urlauber mit Sehnsucht nach dem Meer eher an den Inseln im Golf von Neapel – wie Ischia und Capri – sowie an der nicht weit entfernten Amalfiküste.

Das wuchtige Castelnuovo, lange Sitz der Könige von Neapel, im Sonnenuntergang. Plakat, um 1930.

Das kleine Glück mit Hund und Gitarre, im Hintergrund der friedlich rauchende Vesuv.

Plakat, um 1960. Entwurf: Mario Puppo.

Castellammare liegt an der Stelle des anti-

ken Stabiae und gehört zur Provinz Neapel in der Region Kampanien. Die Hafenstadt an der Bahnlinie der *Circumvesuviana* zwischen Sorrent und Pompeji beziehungsweise Neapel verfügt über eine der traditionsreichsten Werften Italiens, ein Marinearsenal für militärische Zwecke. Überhaupt hat die Verbindung von Industrie- und gleichzeitig Kur- und Badeort eine Tradition, die bis ins achtzehnte Jahrhundert reicht. Die königliche Familie baute sich hier ein Schloss, dessen Name Programm war: *Quisisana* (auf deutsch: »Hier geneset man« bzw. »Hier wird man gesund«). Die Nähe des Vulkans wird jedoch nicht von allen als unproblematisch empfunden. So befand Pier Paolo Pasolini 1959: »Am Ende der Autobahn, in Castellamare, stürzt der Vesuv auf dich herab: ein grauenhaftes, unförmiges Gespenst im Gegenlicht.« Die Castellamare-Plakate weisen dagegen auf die Heilkraft des Wassers hin.

Stilisierte Linien, reduzierte Darstellung und ein Bildzitat aus Pompeji. Plakat, 1954. Entwurf: Mario Puppo.

Die »Königin des Wassers«. Castellammare setzte in der Werbung in erster Linie auf seine Thermalquellen. Plakat, 1948. Entwurf: Giuseppe Riccobaldi.

Amalfiküste

Amalfiküste – italienisch *costiera amalfitana* – nennt sich die Westküste Italiens am Mittelmeer, welche die beiden Städte Neapel und Salerno miteinander verbindet. Amalfi konnte es einst als Seerepublik mit Venedig, Genua und Pisa aufnehmen, unterhielt Handelsbeziehungen zwischen Morgen- und Abendland. Hier entstand die *Tabula Amalfitana*, das erste See- und Handelsgesetzbuch. Neben dem Hauptort Amalfi sorgen vor allem Antrani, Ravello, Cetara, Maiori, Minori, Vietri sul Mare, Positano und Tramonti für den auratischen Klang dieser Küstenregion, deren Straße *Amalfitana* heißt und die man sich ohne dahin brausende rote Ferrari gar nicht vorstellen kann. Amalfi selbst ist eines der wichtigsten

An der steil abbrechenden Südküste von Amalfi kleben die Häuserzeilen wie Schwalbennester. Plakat, 1927. Entwurf: Mario Borgoni.

Adaption des Originalplakats für den englischen Reisemarkt mit eindeutiger Werbeaussage.

Zentren des süditalieni-
schen Tourismus, wenn
auch das ehemalige Fi-
scherstädtchen Positano
als die eigentliche Per-
le der Amalfiküste gilt.

Salerno profitiert
touristisch von der na-
hen Amalfiküste. Ob-
wohl die kampanische
Stadt als Universitätssitz
in die gesamte Region
ausstrahlt und mit dem
noch aus normanni-
scher Zeit stammenden
Castello di Arechi und
dem *Duomo* mit seinem
mächtigen Turm über
im wahrsten Sinne des
Wortes herausragende
Bauwerke verfügt, hat

Würfelförmige, weißgetünchte
Häuser, treppenförmige
Straßen und dem Fels ab-
gerungene hängende Gärten
machen den Reiz von Salerno
und seiner Umgebung aus.
Plakat, 1926.
Entwurf: Vincenzo Alicandri.

sie doch nach dem Zweiten Weltkrieg (nachdem hier den
Alliierten die Landung in Italien gelang), vor allem in den
sechziger Jahren mit einem Boom an rasch wachsenden
Übernachtungs- und Freizeitmöglichkeiten alle erdenk-
lichen Bausünden begangen. Seit zwanzig Jahren jedoch
wird die Altstadt wieder belebt: Handwerker bekommen
neue Werkstätten und Händler neue Geschäfte, die alten
Paläste werden restauriert.

il Paese degli aranci in fiore

PUPPO

SORRENTO

Per informazioni e prospetti: Ente Provinciale per il Turismo · Napoli · Azienda Autonoma di Soggiorno e Turismo · Sorrento

Das Land der Orangenblüte, eingefasst in die Form einer Mandoline. Italienischer Klang und Duft ergänzen hier einander. Plakat, um 1955. Entwurf: Mario Puppo.

Sorrent, auf einer Halbinsel im Golf von Neapel über schwarzen Steilklippen aus dunklem Vulkangestein gelegen, bietet mit seinen imposanten Felsen die grandiose Kulisse, welche italienische Sonnenuntergänge zu einem Spektakel machen. Doch nicht nur die Sonne lockt Reisende aus aller Welt an, sondern auch die Orangen- und Zitronengärten mit ihren typischen Produkten (zum Beispiel Zitronenschokolade oder *Limoncello,* ein aromatischer Zitronenlikör). Es waren die Franzosen, die Anfang des neunzehnten Jahrhunderts Sorrent als Urlaubsparadies »erfanden«; wie ein Magnet zog es Goethe, Lord Byron, Shelley, Ibsen, Stendhal, Wagner, Nietzsche, Freud, Dickens, Andersen und Fürst Pückler Muskau an, der es auf den Punkt brachte: »Sorrent ist ohne Zweifel der schönste und glücklichste Aufenthaltsort, den man in Italien finden kann, vor allem, wenn man in weiblicher Begleitung ist.« Das Städtchen, dessen Herz die Piazza Tasso mit der Einkaufsstraße Via S. Cesareo bilden, ist auch – mit dem Hafen *Marina Piccola* – ein beliebter Ausgangspunkt zur Amalfitana und zu den Inseln Capri und Procida. Wer nach Sorrent kommt, folgt – wörtlich – dem Gesang der Sirenen (Sorrento, in der Antike *Surrentum*), der schon Odysseus und seine Freunde betörte – worauf sich die Sirenen in die Felsen mit dem Namen *Li Galli* (auf der Südseite der Halbinsel nahe Positano) verwandelten.

Bis nach Sorrent reicht der Schwung kalabrischer Volkstänze. Plakat, 1955. Entwurf: Mario Puppo.

Capri, die wenige Kilometer vom Festland entfernt im Golf von Neapel liegende kleine Insel, war schon immer ein Sehnsuchtsort. In der Antike wählte sie Kaiser Tiberius für elf Jahre zu seinem bevorzugten Aufenthaltsort und damit zum Regierungssitz des Römischen Weltreichs. Er hatte mehrere Villen auf Capri, mit spektakulären Ausblicken, die auch Jahrhunderte später Reisende aus aller Welt auf die Insel mit Kultstatus lockten. In der zweiten Hälfte des neunzehnten Jahrhunderts war Capri als Ferien- und Winterquartier vor allem bei Künstlern, Schriftstellern und anderen Prominenten (Rilke, Gorki, Malaparte, Twain, Krupp) beliebt. Nach Capri kamen sie alle, auch Charlie Chaplin, Greta Garbo, Jackie Kennedy, Liz Taylor und Rita Hayworth. Neben dem Hafen *Marina Grande* und den malerischen Shoppingstraßen auf Capri sind im Ort Anacapri die *Grotta Azzura* (Blaue Grotte), die Villa San Michele und der Monte Solaro die wichtigsten Anziehungspunkte. Die *Grotta Azzura* ist eine zum Teil im Meer versunkene Karsthöhle; die Blautönung kommt durch das Tageslicht, das durch eine große Felsöffnung unter dem Meeresspiegel eindringt und sich im Wasser und an den Wänden bricht.

Der äußerst produktive Mario Borgoni fasste den Blick in die Ferne in eine vor Hitze und Sonne schützende Terrasse ein. Plakat, 1927.

Für die Plakate von Mario Puppo ist ein flächiger, in den Farben zurückhaltender Stil typisch, der in den 1950er Jahren sehr geschätzt wurde. Plakat, um 1960.

Procida ist weniger als vier Quadratkilometer groß und liegt – zwischen Ischia und Cap Miseno – sozusagen im Schatten des berühmteren Capri im Golf von Neapel. Jahrhundertelang bestimmte die Seefahrerschule *Istituto Nautico Francesco Caracciolo* das Leben der Insel; Italiens beste Schiffbauer und Kapitäne wurden hier ausgebildet. Wie so viele andere Inseln ist auch Procida durch Eruptionen aus Vulkanen entstanden, die aber heute nicht mehr erkennbar sind. Autofähren und Tragflächenboote verbinden die Insel mit dem Festland. Procida ist sehr idyllisch, touristisch nicht so überlaufen wie Capri und Ischia. Und doch als Drehort des Films *Il Postino* (Der Postmann) 1994 überregional bekannt geworden, also inzwischen mehr als ein Geheimtipp …

Zur »Insel der Stille« gehört auch in der Nachkriegszeit die Fahrt mit der Pferdekutsche. Plakat, 1954. Entwurf: Mario Puppo.

PROCIDA NAPOLI
l' isola di "Graziella"

Per informazioni e prospetti: Ente Provinciale per il Turismo - Napoli

Die Figur erinnert an jene junge Frau, die sich in den Schriftsteller Alphonse de Lamartine verliebte und bis heute verehrt wird. Plakat, 1952. Entwurf: Mario Puppo.

rechte Seite: Wie ein Traum erhebt sich die im maurischen Stil Ende des 19. Jahrhunderts errichtete Therme von Cesarea über dem Meer. Plakat, um 1927.

Santa Cesarea Terme

in der Provinz Lecce in der italienischen Region Apulien (dem Absatz des »Stiefels«) ist zwar nur ein kleiner Ort, an einer Steilküste am Kanal von Otranto gelegen, jedoch einer der bedeutendsten Badeorte der Region. Was Santa Cesarea einzigartig macht, sind die Quellen mit schwefelhaltigem Wasser, die in den Thermen genutzt werden. Die Heilkraft des Wassers war hier schon seit der Antike bekannt. Das Gelände war jedoch schroff und unwegbar, so dass die Stadt erst viel später entstand und eine bequeme Straße sogar erst im neunzehnten Jahrhundert gebaut wurde. Die Pluspunkte: grüne Hügel mit Olivenhainen und Weinbergen, klares Meerwasser und eine an Felsen und Grotten reiche Küste. Im Originalzustand erhaltene Villen, die im neunzehnten Jahrhundert von Adligen erbaut wurden, prägen noch heute das Stadtbild mit seinen eleganten Straßen und seinem Ambiente von unvergleichlichem Charme wie aus einer anderen Epoche.

Meisterwerke der Antike, das Mittelmeer und Zitronenduft – gut erreichbar auch für britisches Publikum mit den italienischen Eisenbahnen. Plakat, um 1935. Entwurf: Ruggero Alfredo Michahelles.

Palermo, an einer Bucht an der Nordküste Siziliens gelegen, erlangte durch den Seehafen schon im frühen Mittelalter bleibende kulturelle und ökonomische Bedeutung. Die Araber brachten Pflanzen aus ihrer Heimat mit: Orangen und Zitronen, Maulbeer- und Johannisbrotbaum sowie Dattelpalmen. Graf Giuseppe Tomasi di Lampedusa soll sich zum Schreiben seines Romans *Der Leopard* in das Caffè Mazzara zurückgezogen haben, wo es schöne, bunte Marzipanfrüchte und köstliches Eis gab und er stets eine Melonengranita bestellte. Heute ist Palermo die fünftgrößte Stadt Italiens und das kulturelle Zentrum der Region. Jahrzehntelang litt es unter dem festen Griff der Mafia, doch inzwischen blüht das öffentliche, wirtschaftliche und kulturelle Leben wieder auf. Die Kriminalitätsrate sank rapide. Und die verfallenen Gebäude der Altstadt wurden und werden saniert. Heute kommen auch die Gäste gern wieder. Märkte, Feste und Feuerwerke üben eine hohe Anziehungskraft aus. Keine Frage: Palermo ist wieder auferstanden.

Blick aus dem Kreuzgang auf die normannische Kirche San Giovanni degli Eremiti aus dem 12. Jahrhundert. Plakat, um 1925. Entwurf: Mario Paschetto.

SICILIA

Kaum ein Mittelmeerplakat kommt ohne sie aus: Die Agave, deren Name sich vom griechischen Wort für edel, prachtvoll und erhaben ableitet. Plakat, um 1955.

Taormina, zwischen Messina und Catania an der Ostküste Siziliens gelegen und von Goethe »Paradieszipfel« genannt, zieht seit dem neunzehnten Jahrhundert die Reisenden mit seiner malerischen Landschaft, seinen zahlreichen historischen Sehenswürdigkeiten aus bewegter Stadtgeschichte und nicht zuletzt seinem milden Klima an. Berühmt sind das Antike Theater mit dem Blick auf den Vulkan Ätna und die kleine Insel *Isola Bella* vor der Küste, die unter Naturschutz steht. Schon in der Antike war der Ort auf den Terrassen des *Monte Tauro* besiedelt; er wurde von den Griechen erobert und im Mittelalter – nach der Zerstörung der antiken Stadt durch die Araber – quasi neu gegründet. Die Belle Epoque hinterließ ihre Spuren mit Jugendstilvillen und großen Hotels, die in der Mitte des zwanzigsten Jahrhunderts Filmstars wie Marlene Dietrich, Cary Grant, Elizabeth Taylor und viele andere anlockten. D. H. Lawrence logierte hier mit seiner Frau Frieda und holte sich Inspiration für seinen Roman *Lady Chatterley*.

links oben: Skisport, wie er am Ätna betrieben werden kann, und Strandvergnügen sind an sich schon eine ungewöhnliche Kombination, die vor antiken Relikten noch gesteigert werden kann. Plakat, 1952. Entwurf: Mario Puppo.

links unten: Blick von Taormina Richtung Südwesten, 1933. Entwurf: Vittorio Grassi.

Rechts im Vordergrund die Reste des antiken Theaters aus dem zweiten Jahrhundert vor Christus. Plakat, 1927. Entwurf: Mario Borgoni.

Adratisches Meer

Blick auf das Wahrzeichen von Pola, das römische Amphitheater. Die einstige österreichische Marinestadt war seit 1919 italienisch und wurde nach 1945 jugoslawisch. Plakat, um 1925. Entwurf: Leopoldo Metlicovitz.

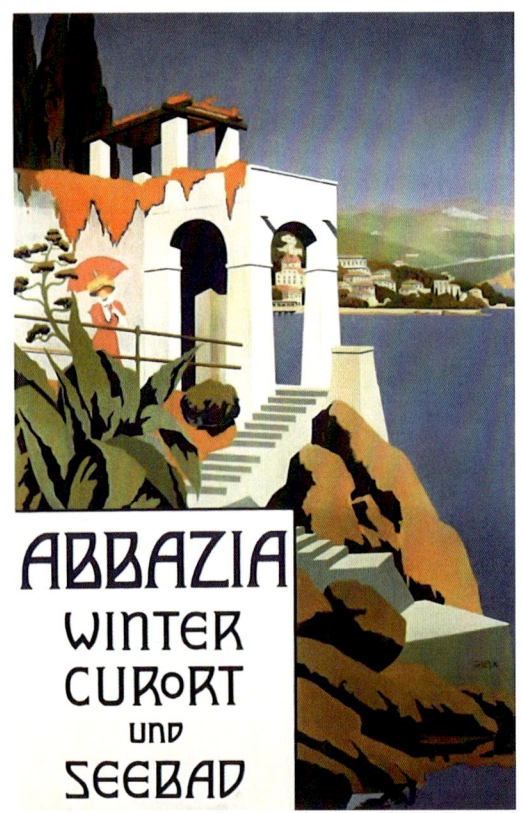

ABBAZIA
WINTER
CURORT
UND
SEEBAD

Abbazia war mit rund 40.000 Gästen das beliebteste Seebad der Monarchie. In dem Jahr, in dem das Plakat erschien, wurde die Küstenpromenade vollendet. Plakat, 1911.

Abbazia auf der Halbinsel Istrien war bis 1918 österreichisch und bis 1945 italienisch, dann jugoslawisch und ist seit 1991 kroatisch (Opatija). Der Kurort war im Grunde eine Wiener Erfindung, denn die großen Badeanstalten wurden von der Haupt- und Residenzstadt aus geplant, finanziert und verwaltet. Wiener Ärzte empfahlen Abbazia, Wiener Modegeschäfte eröffneten hier Filialen. So hatte dieses Seebad zur Zeit der österreichischen Donaumonarchie nicht nur wegen seiner üppigen subtropischen Vegetation einen magischen Klang; mit seinen zahlreichen historistischen Bauten galt er seit den achtziger Jahren des neunzehnten Jahrhunderts – mit dem Bau der Südbahn von Wien aus – als mondänes Zentrum der österreichischen Riviera. Die Mischung aus Jugendstil und mediterraner Architektur mit ihren großzügigen Balkons und Loggias prägte die Grand Hotels, Villen, Sommerhäuser, Sanatorien, Pavillons, Badeanstalten, Promenaden und Parks. Adel, Königsfamilien und das Großbürgertum machten den heilklimatischen Kurort zu einem international bekannten Seebad. Das zudem noch mit der Besonderheit aufwartete, dass hier am Strand Damen und Herren gemeinsam das Meerwasser genießen durften.

Mit Eleganz warb auch das nun italienische Abbazia. Plakat, 1937. Entwurf: Walter Molino.

Der Triestiner Marcello Dudovich war schon in der Monarchie ein vielbeschäftigter Graphiker und Karikaturist und stand der Kunst von Kolo Moser und Gustav Klimt nahe. In den 1930er Jahren passte er sich dem sachlichen Stil an. Plakat, 1933.

Grado liegt an der adriatischen Nordküste auf einer Sanddüne am äußersten Ende des Golfs von Venedig. Zunächst nur ein kleines Fischerdorf, bekannt als Lieferant von Sardellen, gehörte die *Sonneninsel* oder auch *Goldinsel* seit 1797 und erneut ab 1815 zum Herrschaftsbereich der Habsburger Monarchie und entwickelte sich rasch zum kaiserlich-königlichen (k.k.) Seebad für das aufstrebende Bürgertum. Vor dem Ersten Weltkrieg kam mehr als die Hälfte der Gäste aus dem heutigen Österreich; fast jeder zweite Gast war ein Wiener. Grado verfügte über den weitläufigsten und sonnigsten Sandstrand des österreichischen Küstenlandes. Mit Ausbruch des Ersten Weltkriegs war die Zeit der eleganten Sommerfrische jedoch vorbei. Heute leben die Bewohner von Grado von der Seefischerei und auch vom seit den sechziger Jahren des zwanzigsten Jahrhunderts wieder florierenden Tourismus. Besonders das milde, jodhaltige Klima in der *Laguna di Marano* sowie die gepflegten, sämtlich nach Süden ausgerichteten und daher von der Sonne verwöhnten Strände machen Grado heute wieder zu einem bevorzugten Urlaubsziel.

SEEBAD : GRADO

ÖSTERREICHISCHES : KÜSTENLAND

Ganz unter dem Eindruck des Jugendstils steht dieses Plakat
von Josef Maria Auchentaller. Er war Mitglied der Secession.
1903 übersiedelte er mit seiner Familie nach Grado und trug
dort, als Betreiber einer exklusiven Pension, entscheidend
zum Aufschwung des Seebades bei. Plakat, 1906.

Dubrovnik, oft auch als »Kroatisches Athen« und als »Perle der Adria« bezeichnet, ist seit dem dreizehnten Jahrhundert selbständige Republik unter dem Schutz Venedigs, dann Ungarns und der Türkei, seit 1814 Österreichs. »Die Pflanzenwelt«, hieß es im Baedeker von 1913, »ist reich an Arten und immergrünen Sträuchern und Bäumen und erinnert an Sizilien und Griechenland; hier gedeihen noch Dattelpalmen und Agrumen.« Auch Max Frisch bewunderte die Zypressen, die »wie Ausrufezeichen in der Landschaft« stehen. Dubrovnik ist gleich mit seiner gesamten Altstadt in die UNESCO-Liste des Weltkulturerbes aufgenommen worden. Das Freiheitsbewusstsein dieser jahrhundertelang unabhängigen Stadtrepublik prägt noch heute das Selbstverständnis einer der schönsten Städte des Mittelmeeraums, die inzwischen wieder als das beliebteste Urlaubsziel in der Region gilt. Hier treffen sich nicht nur die internationale High Society und der Jetset, sondern auch Urlauber, die das malerische Panorama des Hafens vor der Altstadt mit seinen dort ankernden Kreuzfahrtschiffen bewundern.

Das 1913 errichtete Hotel Excelsior warb damit, als einziges von Dubrovnik direkt am Meer gelegen zu sein. In den 1950er Jahren war auch die britische Queen hier Gast. Kofferaufkleber, um 1950.

rechte Seite: Der Graphiker Hans Wagula arbeitete in den 1930er Jahren sowohl für die österreichische als auch die jugoslawische Fremdenverkehrswerbung.

Ein Plakat für den französischen Markt, um 1935.

DUBROVNIK

LA VILLE ENCHANTÉE DE L'ADRIATIQUE YOUGOSLAVE

LIT. Z.T. NARODNIH NOVINA, ZAGREB.

Venedig zieht jedes Jahr Millionen Besucher an, verzaubert mit morbidem Charme und irisierender Romantik, so dass Ernest Hemingways Urteil, Venedig sei »absolut gottverdammt wunderbar« vielen nicht übertrieben erscheint. Doch Sehnsucht nach dem Meer weckt und stillt es nicht. Das ist dem *Lido di Venezia* vorbehalten, einer vorgelagerten Nehrung, welche die Lagune von Venedig von der offenen Adria trennt und sich im neunzehnten Jahrhundert zum mondänen Seebad mit luxuriösen Hotels (die ihre exklusiven Strände gleich vor der Tür haben) entwickelte. So war das *Grand Hotel des Bains,* 1900 eröffnet, Kulisse für Thomas Manns Novelle *Der Tod in Venedig,* die er im Frühsommer 1911 schrieb, inspiriert durch das Strandleben. 1971 verfilmte Luchino Visconti diese Erzählung und wählte das Hotel als Schauplatz (seither heißt der holzgetäfelte Saal *Sala Visconti*). Sergej Diaghilew kam mehrmals mit seinen Begleitern, 1909 mit Nijinskij; Igor Strawinsky spielte im Ballsaal erstmals den *Tanz der Jünglinge* aus dem *Sacre du Printemps.* Marlene Dietrich und Erich Maria Remarque begegneten einander hier – der Beginn einer vierjährigen

Venedig und der Lido locken mit Licht- und Farbenspiel auf dem Wasser. Plakat, um 1925. Entwurf: Vittorio Grassi.

Werbeplakat der französischen Ostbahn, die hier für die Verbindung durch die

Schweiz und den Gotthardtunnel, als Alternative zum Orientexpress, warb.

Plakat, um 1900. Entwurf: Frédéric Hugo d´Alési.

Liebesaffäre. Das *Grand Hotel Excelsior* ist noch immer ein Fixpunkt der jährlich stattfindenden Internationalen Filmfestspiele. Über die Hälfte der adriatischen Seite der Insel besteht aus Sandstrand, das Meer ist hier warm und recht sauber – kein Wunder, dass der Lido in den Sommermonaten bei den Venezianern selbst als auch bei den Touristen sehr beliebt ist.

A.M.Cassandre war einer der bedeutendsten Graphiker der Moderne.

Er spielt hier effektvoll mit dem Motiv des Gondoliere. Plakat, 1951.

Cesenatico ist noch immer eine der Perlen der Adria. Und noch immer zieht sich kilometerlanger Sandstrand am Adriatischen Meer entlang. Zwanzig Kilometer nördlich des ungleich mondäneren Rimini gelegen, versucht auch Cesenatico Anschluss an die adriatische Partymeile zu gewinnen: Hotels, Eiscafés und Bars prägen die Hauptstraße, doch die eigentliche Attraktion ist das von Leonardo da Vinci entworfene Hafengelände, das die Stadt in *Ponente* im Norden und *Levante* im Süden trennt. Hier rosten nicht nur einige Museumsschiffe malerisch vor sich hin, was dem kleinen Hafen eine sehr pittoreske Atmosphäre verleiht; hier schlägt auch abends und nachts das Herz dieser Touristenmetropole, die sich – abgesehen von einem achtunddreißigstöckigen Hochhaus – ihren eigenen Charme erhalten hat. Und das imposante *Grand Hotel* direkt im Zentrum der Uferpromenade hat sich den Charakter der Belle Epoque bewahrt.

Bis ins Zentrum der Altstadt stoßen die Segelboote in Cesenatico vor und bilden dort eine
Gebirgslandschaft aus bunten Segeln. Plakat, 1927. Entwurf: Giovanni Guerrini.

Rimini war in der Antike Endstation der *Via Flaminia,*
von hier aus überschritt Cäsar 49 vor Chr. den Rubikon.
In den dreißiger und vierziger Jahren des zwanzigsten
Jahrhunderts, von denen der hier geborene Regisseur
Federico Fellini in seinen Filmen erzählte, war das Strandleben nur wenigen vorbehalten und weitaus exklusiver
als heute. Im 1908 eröffneten *Grand Hotel* logierten die
Reichen und Schönen dieser Epoche. Die Gäste defilier-
ten auf der Terrasse, die Palmen sollen damals bis zum
fünften Stock des noblen Jugendstilbaus gereicht haben.
Rimini lebt heute von solchen Legenden und hat – wie
auch Portofino und Positano – einen auratischen Namen.
Die Stadt der Adriaküste und in der Provinz Emilia-
Romagna nimmt inzwischen mit circa hundertfünfzig-
tausend Einwohnern den Rang einer Provinzmetropole
ein, zehrt jedoch noch immer von ihrem vor allem in
den fünfziger Jahren erworbenen Ruf, dass sich hier die
jeunesse dorée zum Amüsement trifft. Und tatsächlich machen zahllose Clubs, Bars und Lounges Rimini nach wie
vor zu einem Zentrum des Nachtlebens. Die Stadt selbst
ist sehr viel sehenswerter als ihr etwas schillernder Ruf
vermuten lässt.

Strandleben an der italienischen Adriaküste, um 1930.

Blick auf den Tempio Malatestiano mit dem Portal des berühmten Renaissancearchitekten Leon Battista Alberti. Die Kirche ist hier, fast surrealistisch, in eine Muschel eingefasst und an den Strand verlegt. Plakat, 1950. Entwurf: Nazzareno Tognacci.

Cattolica, nur wenige Kilometer südlich von Rimini an der adriatischen Riviera gelegen, war schon während der Renaissance ein gastfreundlicher Ort: Mehr als zwanzig bekannte Tavernen und Gasthäuser, in denen auch Fischspezialitäten serviert wurden, zählte die Stadt um 1500. Wie an vielen anderen Orten Frankreichs und Italiens begann auch in Cattolica gegen Ende des neunzehnten Jahrhunderts der touristische Aufschwung: Wohlhabende Familien aus der Emilia-Romagna errichteten hier ihre Sommerresidenzen. Doch nach dem Ersten Weltkrieg verlor der Ort seine Exklusivität, stellte sich ganz auf die Bedürfnisse der Mittelschicht ein und wandelte seine noblen Villen in Hotels um. Spätestens seit den dreißiger Jahren war Cattolica in ganz Europa bekannt; der Tourismusboom erreichte seine Spitze in den fünfziger und sechziger Jahren, mit mehr als einer Million Übernachtungen. Gegenüber dem als mondän geltenden Rimini nebenan wurde Cattolica seinen Ruf als Ziel des Massentourismus nicht mehr los.

Cattolica präsentierte sich traditionell als
besonders familienfreundlich. Plakat, 1924.

Ende der 1930er Jahre tauchten erstmals vermehrt Plakate wie dieses auf, die nicht

die Idylle allein, sondern auch die Größe und Kapazität der Strände stolz ins Bild setzten.

Plakat, 1939. Entwurf: Gogliardo Ossani.

Spanien, Portugal und Griechenland

Fußspuren im Sand und Strandutensilien als Sinnbilder für unbeschwerte Erholung. Ein suggestives Stillleben des Malers und Graphikers Teodoro Delgado. Plakat, um 1955.

Griechenland

GREECE

GREECE

GREECE

Rhode.

In der Fremdenverkehrswerbung für Griechenland ist der Anteil der Farbe Blau stets besonders hoch, sei es durch den tiefgezogenen Horizont mit viel Himmel oder den tiefen Blick aufs Meer. Hier zwei Beispiele aus der Nachkriegszeit.

Auch die Reederei »Hamburg-Süd« engagierte sich in der Zwischenkriegszeit im Kreuzfahrttourismus.
190 Reichsmark entsprächen heute etwa 800 Euro. Die »billige« Mittelmeerreise für eine Woche kostete
damit immer noch mehr als ein durchschnittliches Monatsgehalt. Plakat, 1933.

Spanien

Spanien-Werbung mit Gitarre, Wein, Südfrüchten und Fächer als Fenster-Tableau. Plakat, um 1955. Entwurf: Guy Georget.

Ein typisches Plakat des französischen Graphikers Bernard Villemot, der sich stets aufs Wesentliche beschränkte und den Farben die Wirkung überließ. Plakat, um 1955.

Auch Guy Georget war Franzose. Er war geprägt von der Ästhetik der klassischen Moderne, insbesondere der Malerei von Pablo Picasso und Georges Braque. Zwei Beispiele aus den 1950er Jahren.

Werbung für die Strände

Kataloniens. Plakat, um 1930.

Das großzügig angelegte Freibad von San Sebastian,

einem Ortsteil von Barcelona. Plakat, um 1930.

San Sebastian, Hauptstadt des Baskenlandes, liegt im Bogen des Golfs von Biskaya, im äußersten Norden der iberischen Halbinsel unweit der französischen Grenze. Die Bucht hat einen schönen Sandstrand, zusammen mit *Ondarreta* am Westende der *Concha* sorgen kleine Wellen für ungetrübtes Badevergnügen. Die spektakuläre Bucht trägt den Namen *La Concha* (Muschel) wegen ihrer auffälligen Form; der Blick von der bestens erhaltenen Altstadt darauf ist seit Mitte des neunzehnten Jahrhunderts unverändert. Im Ersten Weltkrieg suchten viele europäische Adlige in San Sebastian Zuflucht (Mata Hari und Maurice Ravel spielten im Casino), die Gästeliste liest sich wie ein *Who's Who:* Coco Chanel, Ernest Hemingway, Rita Hayworth. Die Stadt nahm auch unfreiwillige Gäste auf: Für Flüchtlinge vor dem Spanischen Bürgerkrieg und vor den Nazis war San Sebastian die letzte Station auf dem Weg in die Freiheit.

Eine Aphrodite entspringt der Muschel, die der Bucht von San Sebastian (im Baskenland) ihren Namen gibt. Plakat, 1956.

Balearen wird die Inselgruppe im westlichen Mittelmeer genannt, die zu Spanien gehört: Mallorca, Menorca, Ibiza, Formentera und Cabrera gehören seit jeher zu den bevorzugten Zielen des Tourismus, doch es gehören zu den Balearischen Inseln auch 146 unbewohnte Eilande, die zum Teil unter Naturschutz stehen. George Sand und Frédéric Chopin verlebten ihren *Winter auf Mallorca;* in Palma hatte Joan Miro eine Wohnung, und an prominenten Gästen mangelte es hier nie, zum Beispiel Gary Cooper, Grace Kelly, David Niven, Audrey Hepburn, Charlie Chaplin, Sir Peter Ustinov und Winston Churchill, um nur einige zu nennen. Als Inseln haben die Balearen große Strände, teils aus Sand, teils aus Stein. Nicht zuletzt wegen der heute unübersehbaren »Fremdbesiedelung« und allen damit einhergehenden Problemen, zum Beispiel hässlichsten Bausünden, haben die Balearen einiges an Charme, jedoch nichts an Beliebtheit eingebüßt.

Den Namen *Insulae fortunatae* (»glückliche Inseln«) erhielten die Balearen schon in der Antike. Noch in den 1930er Jahren war das ihre offizielle Bezeichnung. Zwei besonders verführerische Plakate von Ottomar Anton aus den Jahren 1934 und 1936.

LES ILES BALÉARES

PAR MARSEILLE

CHEMINS DE FER P.L.M.

COMPAGNIE DE NAVIGATION MIXTE — Cⁱᵉ TOUACHE —

IMP. CHAIX - PARIS - 8-34.

Die Compagnie Touache war in Frankreich dafür bekannt, als eine der ersten schnelle Schraubendampfer eingesetzt zu haben. In den 1930er Jahren arbeitete sie mit der französischen Privatbahngesellschaft PLM zusammen und bot kombinierte Reisen nach Nordafrika an. Plakat, um 1935. Entwurf: Georges Taboureau alias Sandy Hook.

Mit Folklore wirbt dieses Plakat der Deutschen Afrika-Linien, 1930. Entwurf: Ottomar Anton.

Kanarische Inseln wird die zu Spanien gehörende Inselgruppe im östlichen Zentralatlantik, westlich von Südmarokko gelegen, genannt. Viele der ersten Bewohner glaubten, die Inseln seien das versunkene Atlantis; für andere waren es die magischen, mystischen »Glücklichen Inseln«. Ende des neunzehnten Jahrhunderts quartierten sich zunächst vor allem Naturforscher – Geologen, Zoologen und Botaniker – in den spärlich gesäten Gasthäusern und Pensionen ein. Sie waren es auch, die den Ruf vom milden und gesunden Klima nach Europa trugen. In den Jahren vor der Jahrhundertwende wurden zunächst an der Nordküste Teneriffas, bei Puerto de la Cruz, die ersten Luxushotels errichtet. Die wichtigsten Inseln sind heute Ferienziele erster Kategorie: Teneriffa, Fuerteventura, Gran Canaria, Lanzarote, La Palma, La Gomera und El Hierro.

Ottomar Anton arbeitete für fast alle Hamburger Reedereien, war aber auch in Kairo tätig, das ihn zu seinen licht- und farbkräftigen Sujets inspirierte. Plakat, 1936.

Die Deutschen Afrika-Linien wurden in den 1920er Jahren gegründet und boten sehr früh Fahrten zu den Kanarischen Inseln an, allerdings im Rahmen von Kreuzfahrten. Für längere Aufenthalte waren die Inseln damals noch gar nicht ausgestattet. Plakat, um 1935. Entwurf: Henning Koeke.

Madeira, der »schwimmende Garten Eden«, begeistert durch ganzjährige frühlingshafte, im Süden auch subtropisch warme Temperaturen. Üppige Vegetation, spektakuläre Steilküsten und wildromantische Landschaften bezaubern die Reisenden seit Generationen. Die von Mittel- und Hochgebirge geprägte portugiesische Insel liegt westlich der marokkanischen Küste im Atlantischen Ozean und zählt – wie auch ihre Nachbarn, die Azoren und die Kanarischen Inseln – zur Gruppe der »Glücklichen Inseln« und schmückt sich mit Bezeichnungen wie »Grüne Perle im Ozean«, »Braut des Windes« und »Insel des ewigen Frühlings«. Vor allem für Briten ist Madeira seit jeher ein traditionelles Ferienziel. Das 1891 in Funchal eröffnete Luxushotel *Reid's Palace* zählte neben Kaiserin Elisabeth, George Bernard Shaw und Rainer Maria Rilke auch Winston Churchill – der hier seinem Hobby, der Malerei, frönte – zu seinen Gästen. Badestrände gab es damals noch kaum, bis in den letzten Jahren geschützte Badebuchten und kleine künstliche Sandstrände angelegt wurden.

Plakat für Estoril-Cascais, Portugal. Entwurf: José Rocha.

Die Königlich Holländische Dampfschiffgesellschaft baute in den 1920er Jahren ihren Passagierdienst aus und setzte dabei stark auf den englischen Markt. Plakat, 1935. Entwurf: Ludwig Hohlwein.

Frankreich, Belgien und Holland

PLAGES DE FRANCE

MINISTÈRE DES TRAVAUX PUBLICS, DES TRANSPORTS ET DU TOURISME · DIRECTION GÉNÉRALE DU TOURISME

Korsika liegt westlich von Italien im Mittelmeer, gehört jedoch zu Frankreich. Auf der zum großen Teil aus Hochgebirge bestehenden Insel herrscht ein typisches Mittelmeerklima: heiße, trockene Sommer und milde, feuchte Winter. Trotz der wilden-romantischen Natur ist sie noch immer touristisch relativ unerschlossen. Die Korsen sind auf ihre eigenständige Kultur bedacht; Rosa Luxemburg schwärmte: »Dort ist noch die Bibel lebendig und die Antike.« Ab 1300 gehörte Korsika den Genuesern, bis 1769, als Genua seine Rechte auf Korsika an Frankreich verkaufte, das korsische Heer geschlagen und die Insel französische Provinz wurde.

Calvi ist eine wichtige Hafenstadt im Nordwesten der Insel Korsika. Plakat der PLM, um 1930. Entwurf: Roger Broders.

Mit den Liniendiensten der Air France kam der Korsika-Tourismus nach dem Zweiten Weltkrieg in Schwung. Man brauchte nun nur mehr drei Stunden von Paris auf die Insel, während man mit Schiff und Bahn etwa zehnmal so lange unterwegs war. Plakat, 1949. Entwurf: Eric Havas.

Mit rauschenden Wasser- und Spielfreuden warb Biarritz auf diesem Plakat. Im Hintergrund ist das Casino Bellevue zu sehen. Plakat, 1902. Entwurf: A. Larramet.

Biarritz liegt im äußersten Südwesten Frankreichs, in der Region Aquitanien, und hat seine seit dem Mittelalter während Berühmtheit als Hafen für den Walfang längst hinter sich gelassen. Bis in die Mitte des neunzehnten Jahrhunderts war der Ort ein verschlafenes, unbedeutendes Fischerdorf. Doch seit in den fünfziger Jahren dieses Jahrhunderts Kaiserin Eugénie, die Gemahlin von Kaiser Napoleon III., sich hier eine Residenz bauen ließ (die heute als Hotel genutzt wird), nahm der Ort einen ungeahnten Aufschwung. Königsfamilien kamen zur Sommerfrische, Otto von Bismarck, Sarah Bernhardt, der Prince of Wales. Kaiserin Elisabeth (»Sisi«) versuchte hier ihre Melancholie zu kurieren. In den zwanziger Jahren des zwanzigsten Jahrhunderts wurde das mondäne Zeitalter durch wilden Charleston abgelöst. In der Zwischenkriegszeit fuhr der Couturier Jean Patou an Sonnentagen in einem weißen Wagen mit schwarzem Chauffeur, an Regentagen in einem schwarzen Wagen mit weißem Chauffeur.

Hendaye am Atlantik (Golf von Biskaya) direkt an der spanischen Grenze gelegen, gehört zum französischen Baskenland und hatte lange Zeit vor allem als Grenzbahnhof Bedeutung. Die Stadt ist der nord-westliche Endpunkt eines Wanderweges entlang der Pyrenäen.

Eine Meerjungfrau mit Baskenmütze trommelt und flötet Gäste herbei. Plakat, 1958. Entwurf: Henri Laulhé.

Cabourg das kleine Seebad in der Normandie, liegt am Ärmelkanal, an der Küste, die den poetischen Namen *Côte Fleurie* (Blumenküste) trägt. Wie so viele andere Orte am Meer war auch Cabourg ein kleines Fischerdorf, das jedoch »planmäßig« erweckt wurde, als Mitte des neunzehnten Jahrhunderts Pariser Architekten und Advokaten hier reißbrettartig *Cabourg-les-Bains* entwickelten: ein Seebad, einen Strand, mehrere Alleen, ein *Grand Hotel,* seit 1908 auch ein Casino. So wurde aus dem kleinen Küstenort eine Perle der Belle Epoque, die heute Feriengäste auch mit Märkten, Ausstellungen und den Pferderennen im *Hippodrom* anlockt. Der Schriftsteller Marcel Proust (1871–1922) verbrachte jeden Sommer hier; er schrieb im *Grand Hotel* seinen Roman *À la recherche du temps perdu* (Auf der Suche nach der verlorenen Zeit) und porträtierte darin auch Cabourg, das in diesem monumentalen Werk den Namen Balbec trägt.

Deutlich schneller als ans Mittelmeer, in nur fünf Stunden von Paris, ließen sich die Küsten des Atlantiks erreichen. Plakat, um 1900. Entwurf: PAL (Jean de Paléologue).

Im Unterschied zur ruhigen Côte d'Azur spielt bei den Werbemotiven der Atlantikküste der heftige Wellengang, die Wildheit des Wassers, die den Körper massierend umspült, eine Hauptrolle.

Plakat, 1905. Entwurf: Edouard Elzingre.

Boulogne-sur-Mer

bietet durch seine Lage am Ärmelkanal ein ideales Seeklima mit milden Winter- und trockenen Sommermonaten. Die nordfranzösische Hafenstadt war schon im Römischen Reich ein strategischer Fixpunkt; im Mittelalter errang die Burg, die später zum Schloss ausgebaut wurde, einige Bedeutung. Zwar ist Boulogne-sur-Mer heute der größte Fischereihafen Frankreichs, doch die eigentliche touristische Attraktion ist der Strand mit dem *Nausicäa*, einem eindrucksvollen Meeresaquarium.

Das parallel zum Strand gespannte Hanfseil diente der Sicherheit der häufig noch nicht des Schwimmens fähigen Badegäste, bot aber den Kindern auch zu allerlei Experimenten Anlass. Plakat, 1905. Entwurf: Henri Gray.

Ein weiteres Boulogne-sur-Mer-Plakat, 1905.
Entwurf: Henri Gray.

Mit 24 Zügen täglich, Schnellverbindungen von Paris und London sowie einer Reihe touristischer Attraktionen positionierte sich Boulogne als Ziel für Kurzurlaube am Meer. Plakat, um 1900. Entwurf: Henri Gray.

Der Hafen von Saint-Malo mit der wehrhaften Kulisse der Küstenstadt auf einem Plakat der französischen Staatseisenbahn, um 1910. Entwurf: Maurice Dussaint.

Saint-Malo kann für sich in Anspruch nehmen, einer der meistbesuchten Touristenorte Frankreichs zu sein: Das Städtchen an der Smaragdküste im Norden der Bretagne, gleich gegenüber dem Badeort Dinard, verfügt über einen von drei Seiten umspülten historischen Stadtkern, die auf einer Insel gelagerte Kathedrale und eine mächtige Festungsanlage, die Jahrhunderte lang Sicherheit, Schutz und Unabhängigkeit bot – Gustave Flaubert, der erste moderne Tourist der Bretagne, nannte es »eine steinerne Krone über den Fluten«. Anders als an der Côte d'Azur, wo zuerst wohlhabende Müßiggänger und später Künstler als Feriengäste kamen, waren in der Bretagne Schriftsteller wie zum Beispiel Honoré de Balzac die Pioniere; James Joyce verbrachte hier 1924 seine Sommerferien. Aber Saint-Malo zog auch Maler an, wie Paul Gauguin und Claude Monet; Paula Modersohn-Becker baute ihre Staffelei an den Küstenfelsen auf.

Dinard ist ein Badeort in der Bretagne, an der Mündung der Rance gegenüber von Saint-Malo gelegen. Dinard wird oft *Nizza des Nordens* genannt. Im neunzehnten Jahrhundert wurde es zum Badeort wohlhabender Engländer, was in Form zahlreicher Villen bis heute Spuren hinterlassen hat. Heute ist Dinard vor allem ein Ferienort für Freunde des Wassersports.

Ein britisches Plakat für das überwiegend britische Publikum von Dinard. Plakat der *Southern Railways,* um 1930. Entwurf: Kenneth D. Shoesmith.

rechte Seite: Mit einer jungen Kajakfahrerin warb das Grand Casino für sich und sein Theater, für Tanzveranstaltungen und Konzerte. Plakat, 1903. Entwurf: LEM.

LA REINE DES PLAGES _ CÔTE D'EMERAUDE
GRAND CASINO MUNICIPAL
DE
St-Malo
LEM
THÉÂTRE _ CONCERT BAL
GRAND ORCHESTRE de 1er Ordre
Directeur Artistique : B. GIANNINI
JEUX DIVERS _ PETITS CHEVAUX _ EXCURSIONS _ COURSES et GRANDES RÉGATES
SAISON DE JUIN À OCTOBRE • TRAJET EN 6 HEURES

Quiberon lebt heute hauptächlich vom Fremdenverkehr und nicht mehr wie früher vom Fischfang. Die kleine Hafenstadt im Süden der Bretagne liegt auf einer Halbinsel, mit seinem *Gare maritime* im Haupthafen Port Maria Endstation einer Bahnlinie. Das Besondere dieses Seeortes sind nicht nur wie andernorts auch Uferpromenade und Strand, sondern die vielfältigen Eindrücke, welche die geographische Lage bietet: Eine Seite der Insel ist dem Festland (Bucht von Quiberon) zugewandt, die andere dem Atlantik. So ist das Meer auf der Landseite ruhig; an der wilden Küste jedoch herrscht striktes Badeverbot.

Die Grotte von Port Bara zeigt dieses Plakat der französischen Eisenbahn, 1929. Entwurf: L. Symonnot.

La Baule-Escoublac ist wie kaum ein anderer Ort am Meer vom Tourismus geprägt: An der Atlantikküste am Golf von Biskaya, im französischen Département Loire-Atlantique gelegen, dürfte die kleine Stadt nach wie vor und vor allem für ihre schönen Strände bekannt sein. Das erste Dorf Escoublac lag übrigens unter Wanderdünen begraben. Napoleon ordnete 1810 an, Pinien zu pflanzen, um das Vordringen der Dünen zu stoppen. Und diese Pinien säumen heute noch die Strände ...

Charakteristisch für La Baule sind die schattenspendenden Pinien, die den Strand säumen. Plakat, um 1920. Entwurf: Ch. Cesbron.

Ein Sinnbild der Sonnenbegeisterung der Zwischenkriegszeit. Plakat, um 1925. Entwurf: Maurice Lauro.

113

Über Nacht am Meer. Ein Plakat der London *North Eastern Railways* für die belgische Küste, um 1935. Entwurf: Frank Newbould.

Middelkerke ein kleines Zentrum für etliche typische flämische Binnendörfer, liegt an der Küste der Nordsee in der belgischen Provinz West-Flandern. Auch hier führt die *Kusttram* vorbei, die längste Straßenbahnlinie der Welt, die alle Orte der belgischen Nordseeküste miteinander verbindet. Der Seedeich von Middelkerke lädt zum Flanieren ein, das Casino zum Spielen. Und nach Ostende ist es auch nicht weit ...

Auf der Suche nach dem Minimalismus in der Seebäder-Werbung der 1930er Jahre setzte man entweder auf Strandutensilien oder die sportlich-elegante Erscheinung der Badegäste. Designs: links: Léo Marfurt, 1938; rechts: Edgard Lemaire, 1933.

Strandsegeln war auch in Middelkerke beliebt, wie man im Hintergrund sehen kann.

Die Dame im Vordergrund hält sich am Mast eines Seglers fest. Plakat, 1949.

Entwurf: Herman Verbaere.

Ostende liegt ziemlich genau in der Mitte der belgischen Nordseeküste in der Provinz Westflandern und war früher Sommerresidenz des belgischen Königshauses. Die Hafenstadt ist für Auto, Bahn, Schiff und Flugzeug ein wichtiger Verkehrsknotenpunkt; von hier besteht die bekannte Fährverbindung nach England (Dover). Nicht weniger wichtig ist der Ruf Ostendes als Seebad, wird es doch sogar wegen seiner royalen Vergangenheit als »Königin der Seebäder« bezeichnet. Die Strandpromenade mit der Mole erstreckt sich über den gesamten Seedeich und bietet Panorama pur. Der Strand, »Flämische Sahara« genannt, ist siebenundsechzig Kilometer lang und bei Ebbe fünfhundert Meter breit.

Lange der schnellste Weg zwischen Kontinent und britischen Inseln: die Eisenbahn- und Fährverbindung Dover-Ostende. Plakat, um 1930. Entwurf: Léo Marfurt.

Auch Ostende nannte sich »Königin der Strände« und warb damit, im Sommer Residenz der königlichen Familie zu sein. Plakat, um 1925. Entwurf: Samuel Colville Bailie.

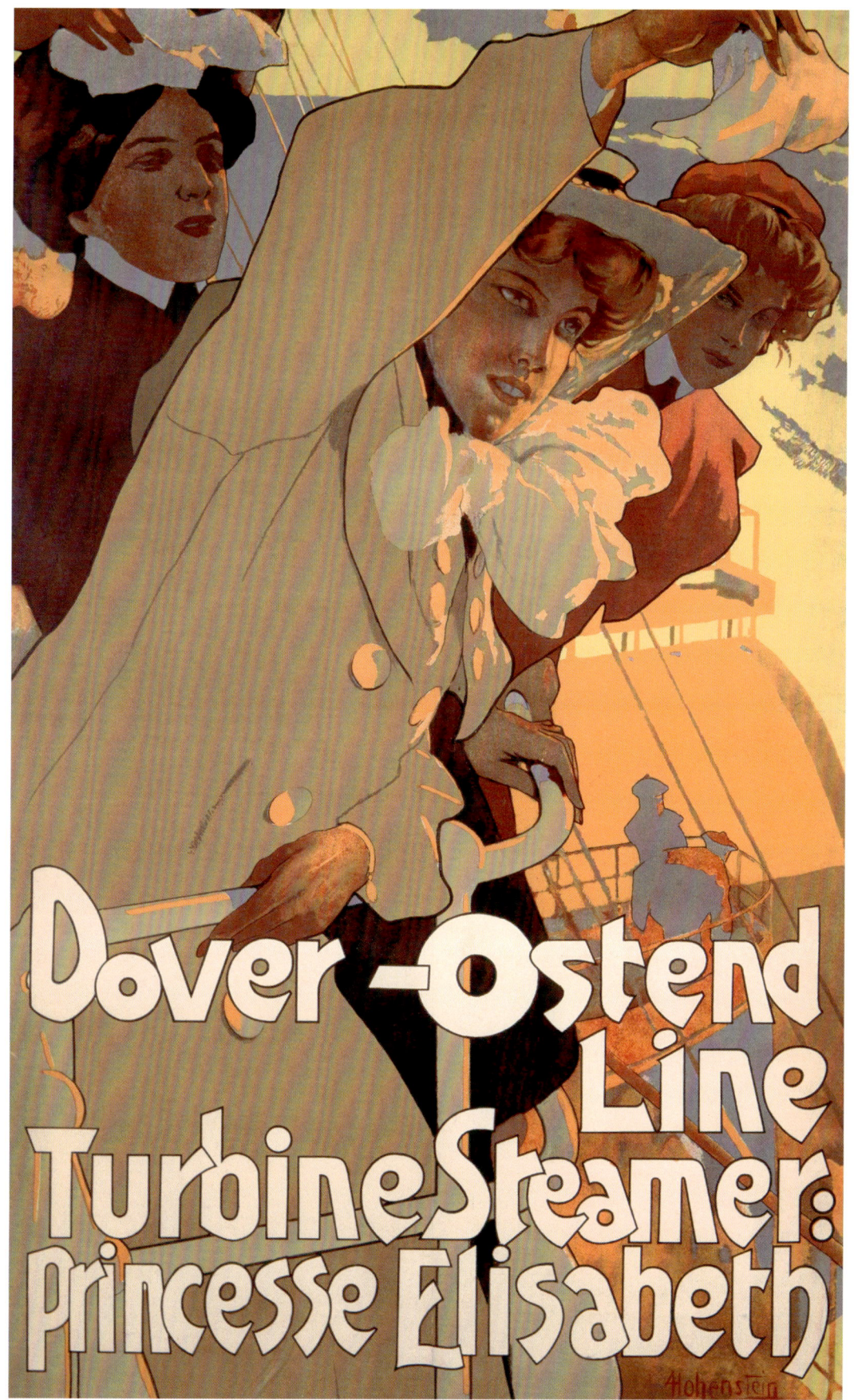

Turbinendampfer, wie sie hier beworben wurden, wurden erstmals in den 1890er Jahren eingesetzt. Sie waren besonders schnell, allerdings auch relativ anfällig und aufwändig im Betrieb. Plakat, um 1900. Entwurf: Adolfo Hohenstein.

Holland

Mit einer Welle im Stile der japanischen Kunst wirbt ein holländisches Hotel auf seinen Kofferaufklebern, um 1920.

Zu den Attraktionen der normannischen Küste gehören die zahlreichen mittelalterlichen Ruinen, die hier effektvoll in Szene gesetzt werden. Plakat der französischen Staatseisenbahn, um 1910. Entwurf: Julien Lacaze.

rechte Seite: Eine legendäre Gemeinschaftswerbung der Hotels von Scheveningen, 1924. Entwurf: Louis Christian Kalff.

Britische Inseln

EAST COAST

IT'S QUICKER BY RAIL

FULL INFORMATION FROM ANY L·N·E·R OFFICE OR AGENCY

Spätestens am Tablett mit Teeservice erkennt man, dass der Strand nur in Großbritannien liegen kann. Plakat der britischen London-North-Eastern-Railways (LNER), um 1930. Entwurf: Brien.

BAINBRIDGE

JERSEY
IN MERRI MAY
AND ANY TIME

ENQUIRIES—TOURISM OFFICE—JERSEY

Printed in England by Jarrold & Sons Ltd, Norwich

Kanalinseln werden die Inseln im Ärmelkanal genannt: Jersey, Sark, Guernsey, Alderney und Herm. Sie sind weder ein Teil des Vereinigten Königreichs noch eine englischen Kronkolonie, sondern – wie die Isle of Man – als Kronbesitz der britischen Krone direkt unterstellt. Beeinflusst vom Golfstrom ist das Klima auf den Kanalinseln ausgesprochen mild; es gibt sogar mediterrane Vegetation. Jersey gilt als sonnenreichste aller Inseln von Großbritannien und ist berühmt für seine ausgedehnten Sandstrände und Surfspots. Von 1852 bis 1855 war Victor Hugo im Exil auf Jersey. Als er gegen einen Besuch von Queen Victoria bei Kaiser Napoleon III. protestierte, musste er Jersey verlassen. Um nicht mehr abgeschoben werden zu können, kaufte er sich ein Haus auf Guernsey. Auf dem Dach ließ er ein kleines Zimmer aus Glas bauen, um dort zu schreiben, »mit dem Himmel und dem Ozean als Würze«.

linke Seite: Der Graphiker John Bainbridge, eigentlich Australier, gestaltete gern humorvolle Plakate. Hier spielt er auf die berühmte *battle of flowers* an und auf die Beliebtheit der Insel bei Musikern; unter anderem war Claude Debussy um 1900 hier zu Gast. Plakat, um 1955.

Pittoreske Hafenidylle im mediterranen Stil: Guernsey-Plakat der *Southern British Railways,* 1958. Entwurf: Adelman.

Aberystwyth, von den Einheimischen oft nur Aber genannt, ist ein walisisches Seebad an der Cardigan Bay. Von der Burg auf der felsigen Landspitze existieren nur noch Ruinen. Der Hafen, jetzt kaum noch genutzt, war einst wichtiger Anlaufpunkt für die Küstenschifffahrt, für die Linien nach Irland und sogar für transatlantische Verbindungen. Seit Mitte des neunzehnten Jahrhunderts unternahm das Seebad eine Expansion, unter anderem durch den Bau einer drei Kilometer langen, von attraktiven Häusern gesäumten Strandpromenade. Auf den Gipfel des *Constitution Hill* im Norden gelangt man bequemerweise mit einer 1896 gebauten Bergbahn; von dort oben hat man den schönsten Blick über die Stadt und entlang der Küste, der schon den Maler William Turner begeisterte.

Barmouth liegt in Nord-Wales in der Cardigan Bay und entwickelte sich ursprünglich um die örtliche Schiffbauindustrie herum, bevor es in neuerer Zeit auch als Ferienort und Seebad populär wurde.

Harry Riley war ein Spezialist für britische Strandmotive. Plakat, um 1955.

ABERYSTWYTH

WHERE HOLIDAY FUN BEGINS

Write to Publicity Manager, King's Hall, Aberystwyth

TRAVEL BY TRAIN   WESTERN REGION

Das Paar erfreut sich am Blick auf die Irische See vom Constitution Hill aus. Plakat, 1956. Entwurf: Harry Riley.

BARMOUTH NORTH WALES
FOR MOUNTAIN, SAND & SEA
Illustrated Guide 6d., Heulwen Tourist Office, Barmouth
TRAVEL BY TRAIN
BRITISH RAILWAYS

Blick vom Strand auf den walisischen Bergrücken Cader Idris. Plakat, 1956.

Strandweg mit Mauern aus Granitsteinen. Cornwall-Plakat der *Great Western Railways,* um 1935.

Cornwall bezeichnet sich gern als *Britische Riviera* und spielt damit auf seinen Ruf als Ferienparadies an. Und in der Tat ist der südwestliche Landesteil Englands – durch den Atlantischen Ozean, den Ärmelkanal und die Keltische See von drei Seiten von Wasser umgeben – vom Meer geradezu verwöhnt und umspült. Rauhe, steile Felsen, die sich mit langen Stränden und malerischen Buchten abwechseln, prägen die markante Küstenlandschaft. So ist auch das Klima maritim gemäßigt, so dass an windgeschützten Stellen sogar mediterrane Pflanzen wachsen. Berühmt ist Cornwall auch für seine zahlreichen Gärten mit subtropischer Flora. Zwar zog Cornwall viele Künstler an – zum Beispiel William Turner und James Whistler –, doch für Touristen wurde es erst vergleichsweise spät erschlossen. Sie wissen besonders die unberührte Landschaft, die spektakulären Steilküsten, die kilometerlangen feinen Sandstrände, das milde Klima und die zahlreichen Sehenswürdigkeiten zu schätzen. Literarisch ist Cornwall auf der Landkarte bestens vertreten: durch Dylan Thomas, Daphne du Maurier, Enid Blyton und nicht zuletzt Rosamunde Pilcher.

THE ENGLISH RIVIERA

TORQUAY · PAIGNTON · BRIXHAM

Das Meer in der Teetasse: eine typisch britische Vision. Farben und Pinselstrich atmen allerdings die Stimmung des Mittelmeers. Plakat, um 1960.

Das Queen´s Hotel, direkt am Meer gelegen, war das erste größere Hotel in Penzance.

Es wurde bereits 1862 eröffnet. Plakat, 1909. Entwurf: Alec Fraser.

Portsmouth, die Geburtsstadt von Charles Dickens, liegt größtenteils auf der Insel Portsea Island, an der Mündung des Solent in den Ärmelkanal. Nach Dover hat Portsmouth den wichtigsten Fährhafen Englands, aber auch einen wichtigen Marinestützpunkt für die *Royal Navy*. Im Ortsteil Southsea befindet sich das Seebad mit langen Reihen weißer Häuser, einem Pier und hellem Kiesstrand.

Isle of Wight

ist eine gegenüber der Stadt Southampton gelegene, der britischen Südküste vorgelagerte Insel, die als »Madeira Großbritanniens« gilt und besonders in der Sommersaison stark frequentiert wird. Auch wegen der Nähe zum Festland ist sie ein beliebtes Ziel für britische Gäste sowie für die Zuschauer der weltberühmten Segelregatta *Cowes Week*, die seit 1826 jeden August Hunderttausende von Besuchern auf die Insel zieht. *Osborne House*, einem italienischen Palazzo nachempfunden, war der Landsitz von Queen Victoria und Prince Albert.

Plakate wie dieses waren auf genaues Betrachten angelegt und hingen zum Beispiel im Wartesaal eines Bahnhofs. Wartende Fahrgäste konnten die schönen Buchten und Strände der Isle of Wight studieren. Plakat, 1910.

Paignton und **Torquay** sind Küstenstädte an der englischen Riviera im Südwesten Englands. Noch bis zum neunzehnten Jahrhundert war Paignton ein Fischerdorf; es verdankt seinen Aufstieg wie so viele andere Seebäder dem Tourismus. Die über zweihundert Meter lange Pier wurde gebaut, um den Gästen Unterhaltungs- und Vergnügungsmöglichkeiten am Strand zu bieten. Auch das elegante Torquay, Geburtsort von Agatha Christie, wurde im neunzehnten Jahrhundert ein populärer Erholungsort an der Küste, mit kleinen Sandstränden und steilen Klippen, berühmt für gesundes Klima, das in den Parks und Gärten sogar Palmen wachsen lässt. Beide Orte widerlegen die weit verbreitete Vorstellung, in dieser Region sei es zumeist regnerisch, neblig und kalt.

PAIGNTON SOUTH DEVON GWR

GUIDE POST FREE FROM DEPT. P. ENTERTAINMENTS MANAGER, PAIGNTON

Die britische See wird oft in mehreren Reihen erschlossen. Direkt am Meer Sportler und Schwimmer, dahinter Meerluftgenießer im Liegestuhl. Plakat, um 1930. Entwurf: Charles Pears.

CLACTON-ON-SEA

IT'S QUICKER BY RAIL

FOR ILLUSTRATED GUIDE APPLY, ENCLOSING Id. STAMP, TO :-
ROOM S.P. TOWN HALL, CLACTON-ON-SEA, OR OBTAINABLE FREE FROM L·N·E·R OFFICES AND AGENCIES

Das Meer wirkt hier, als wäre es die Erweiterung eines englischen Gartens. Plakat, 1935.
Entwurf: W. Smithson Broadhead.

Clacton-on-Sea im Südosten Englands wurde 1871 als Badeort gegründet und zieht jeden Sommer zahlreiche Urlaubsgäste an. Damit begann die Entwicklung von der kleinen Landgemeinde, der nachgesagt wurde, ein Schmugglernest zu sein, zu einem Seebad mit allem, was dazu gehört: Strände, Pier, Arkaden, Theater, Hotels, Geschäfte und Restaurants.

Great Yarmouth liegt als östlichste Stadt der Grafschaft Norfolk an der Nordsee. Früher war sie ein wichtiges Zentrum der Heringsfischerei, heute bestimmt die Energie- und Ölindustrie das Bild. Allerdings hat auch das Strandleben eine lange Tradition: Seit 1760 gilt sie als beliebter Badeort mit gutem Sandstrand und einer langen Vergnügungspromenade.

GREAT YARMOUTH &
GORLESTON–ON–SEA
FREE ILLUSTRATED GUIDE FROM PUBLICITY MANAGER GREAT YARMOUTH OR ANY LMS OR L·N·E·R STATION
TRAVEL BY RAIL

Strandschönheiten mit wehenden roten Tüchern waren eine Spezialität des Illustrators Charles Pears (siehe auch das Paignton-Plakat Seite 130). Great Yarmouth-Plakat, um 1930.

Cromer liegt ebenfalls an der Nordküste der Grafschaft Norfolk und begeistert die Feriengäste mit einem spätviktorianischen Pier, der angelegt wurde, als die reichen Bankerfamilien aus Norwich zur Sommerfrische anreisten. Die Küste wird als »Mohnregion« bezeichnet – unzählige Mohnblumen wachsen hier entlang der Straßen und auf den Wiesen.

Wo die Mohnblumen blühen: Cromer-Plakat, 1935.

Skegness in Lincolnshire ist ein beliebtes Touristenziel und wird auch »das Blackpool der Ostküste« genannt. Berühmt ist sein Maskottchen, der *Jolly Fisherman,* der auf allen möglichen Plakaten und Souvenirs zu sehen ist. Der Slogan *Skegness is so bracing* (Skegness ist so belebend) bezieht sich auf die erfrischenden Winde der Nordsee.

Schon 1908 wurde *Jolly Fisherman* das Leitmotiv der Werbung für Skegness. Plakat, um 1935.

Lowestoft ist die östlichste Stadt Großbritanniens und liegt an der Küste der Grafschaft Suffolk, in einer reizvollen, von vielen Wasserstraßen geprägten ländlichen Umgebung. Die Verkehrswege sind noch immer nicht optimal erschlossen, so dass sich hier der ruhige und dörfliche Charakter der ostenglischen Region erhalten hat. Auch hier gibt es eine Strandpromenade und zahlreiche Gebäude und Parks im viktorianischen Stil, außerdem einen perfekten Strand.

Eine Szene, die Agatha Christie beschrieben haben könnte. Blick aus dem Zugfenster auf den Sandstrand von Lowestoft. Plakat, 1933. Entwurf: Arthur Michael.

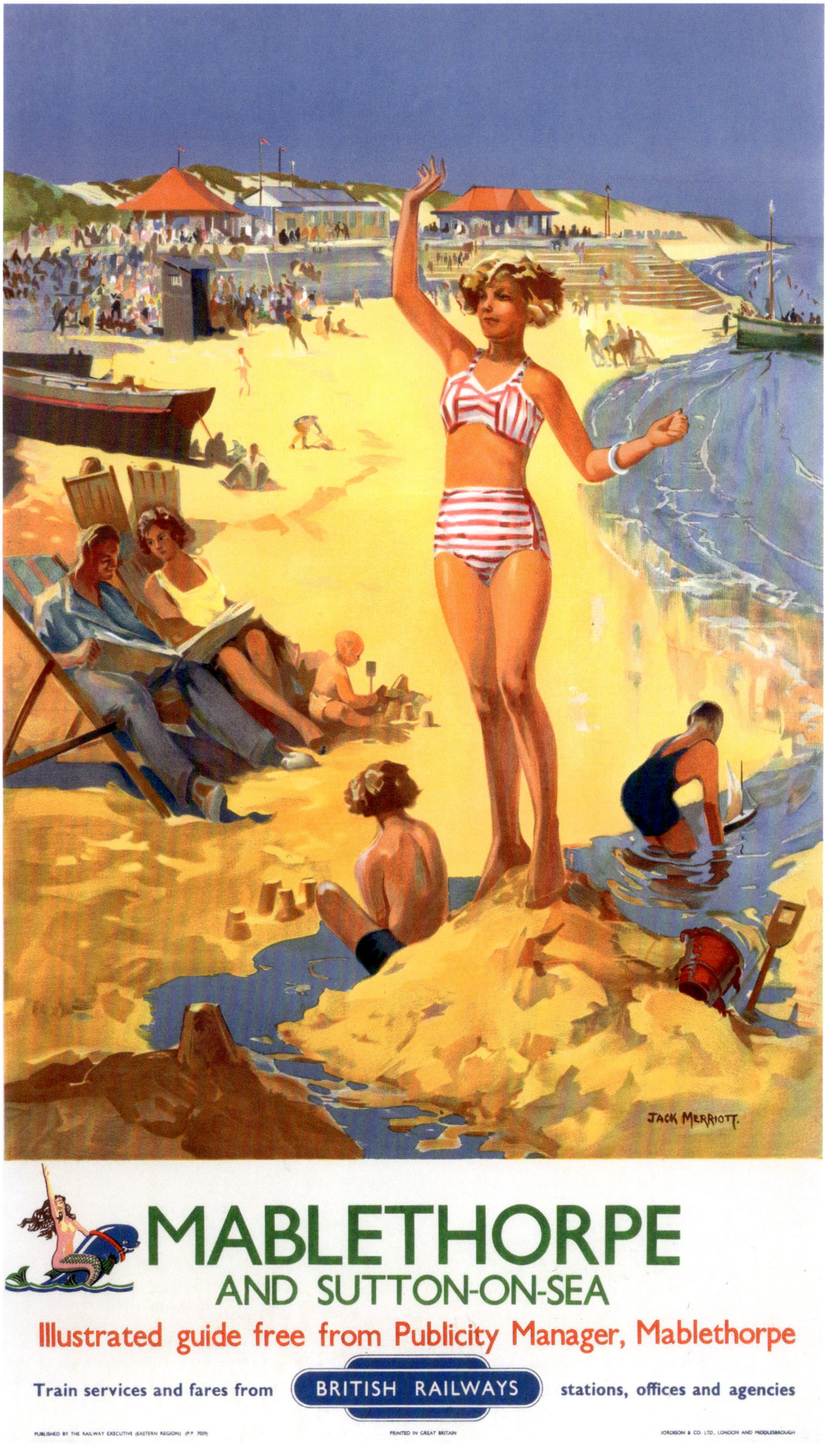

MABLETHORPE
AND SUTTON-ON-SEA

Illustrated guide free from Publicity Manager, Mablethorpe

Train services and fares from  stations, offices and agencies

PUBLISHED BY THE RAILWAY EXECUTIVE (EASTERN REGION) (P.P. 7025)   PRINTED IN GREAT BRITAIN   JORDISON & CO. LTD., LONDON AND MIDDLESBROUGH

Die Nordseebäder Mablethorpe und Sutton-on-Sea wurden vor allem von den Industriestädten Sheffield und Birmingham aus besucht. Plakat der British Railways, um 1950. Entwurf: Jack Meriott.

Scarborough befindet sich ganz im Osten der Grafschaft Yorkshire und ist ein bedeutender Ferienort an der Nordseeküste. Auf einem Hügel ist noch *Scarborough Castle*, eine alte Burgruine, zu sehen. Wie überhaupt die Stadt sehr pittoresk ist. Berühmt wurde sie schon Anfang des siebzehnten Jahrhunderts, als man hier eine Heilquelle entdeckte und der Ort zum ersten Heilbad in der Geschichte Großbritanniens wurde. Nicht weniger berühmt ist *Scarborough Fair*, eine jahrhundertelang jährlich durchgeführte Handelsmesse, die Kaufleute aus ganz Europa anzog und in einem englischen Volkslied überlebte. Das wiederum *Simon & Garfunkel* in einem Song verwendeten. Das 1867 eröffnete *Grand Hotel* sollte das größte Hotel Europas werden und verblüffte mit einigen Zahlenspielereien: vier Türme (Jahreszeiten), zwölf Etagen (Monate), 52 Schornsteine (Wochen) und 365 Zimmer (Tage).

Blick auf das Kurbad (links), die Valley Road Bridge und das berühmte Grand Hotel (auf dem Hügel). Plakat, um 1935. Entwurf: Frank Newbould.

136

SCARBOROUGH

IT'S QUICKER BY RAIL

Full Information from any L·N·E·R Office or Agency

Die nordenglische Society gibt sich ein Stelldichein bei einem Turmsprungwettbewerb.

Plakat, um 1930. Entwurf: Edmund Oakdale.

Bridlington ist ein Seebad mit einem kleinen Hafen, im Nordosten von Yorkshire an der Nordseeküste gelegen. Deiche sowie mit hölzernen Buhnen gesäumte breite Strände prägen die Silhouette der Küste. Die *Old Town* (Altstadt) mit dem historischen Marktplatz befindet sich gut einen Kilometer vom Meer entfernt, während *Bridlington Quay* aus dem Touristenviertel rund um den Hafen besteht, in dem neuerdings ein dem *London Eye* nachempfundenes Riesenrad die Blicke auf sich zieht. In seiner Blütezeit war das Strandbad eines der wichtigsten britischen Reiseziele, in dessen Tanzpalast während der Saison landesweit bekannte Entertainer auftraten.

Dem Meer in der Muschel lauschen und hören, was die »wilden Wellen« singen. Ein dicht mit Informationen gefülltes Plakat der North Eastern Railway, 1910.

Nordsee und Ostsee

Hell und sonnig, wie in einem Gemälde von Emil Nolde, präsentiert sich Dänemark mit sanft geschwungenen Küstenlinien auf diesem Plakat, 1939. Entwurf: Helge Refn.

Nordseebäder

In Deutschland setzten sich u.a. der Schriftsteller Georg Christoph Lichtenberg und der Arzt Christoph Wilhelm Hufeland für die Einrichtung von Kurbädern am Meer ein. 1793 wurde das erste deutsche Seebad in Heiligendamm an der Ostsee eröffnet, 1797 folgte Norderney. 1801 erhielt Travemünde seine erste Badeanstalt, Cuxhaven folgte 1816, Wyk auf Föhr 1819, Helgoland 1826 und Büsum 1837. Das Baden im Meer war damals etwas völlig Neues. Obwohl fortschrittliche Ärzte das Nacktbaden als wirksamer empfahlen, erforderten die Moralvorstellungen der Zeit natürlich ebenso die strikte Geschlechtertrennung wie den Körper verhüllende Badekostüme. Badekarren, die meist von Pferden ins Wasser gezogen wurden, sorgten für sittsames Badevergnügen. In

Der Seebäderdienst der HAPAG bediente Helgoland, aber auch die ost- und nordfriesischen Inseln. Die Schiffe des Seebäderdienstes, wie etwa die *Cobra* und die *Kaiser*, hatten meist keine Kabinen, aber mehrere Decks mit großen Salons. Plakat, 1933.

NACH
HELGOLAND
MIT ›COBRA‹ UND ›KAISER‹ ÜBER
HAMBURG
HAPAG SEEBÄDERDIENST GMBH

Hier liegt gerade die *Kaiser* vor Anker. Sie war das erste zivile deutsche Schiff mit

Dampfturbinen und lief 1905 vom Stapel. Plakat, um 1925.

manchen Nordseebädern dienten diese Karren noch bis ins zwanzigste Jahrhundert hinein als mobile Umkleidekabinen. Im neunzehnten Jahrhundert wurde die Kur im Seebad endgültig zur Mode der feinen Gesellschaft, inklusive des gehobenen Bürgertums. Die große Masse der Bevölkerung blieb von diesem Vergnügen zunächst ausgeschlossen und eroberte sich die Nordseebäder erst Jahrzehnte später.

Der Krieg ist vergessen, die Familie drängt es wieder an den Strand. Plakat, 1948. Entwurf: Heinz Fehling.

Fahrplan der Postdampfer nach Wyk auf Föhr und Amrum, 1897.

Der Strand von Norderney. Zeitgenössische kolorierte Photographie, um 1900.

Norderney, eine der größeren ostfriesischen Inseln, die dem Festland zwischen der Ems- und Wesermündung in der Deutschen Bucht vorgelagert sind, hat sich seit 1797 als *Königlich-Preußische Seebadeanstalt* an der deutschen Nordseeküste dem Fremdenverkehr verschrieben. Sie zählte etliche Kanzler und Präsidenten, Politiker und Künstler zu ihren Gästen und wurde schon früh zu einem Seebad mit Weltruhm, weshalb sie noch heute als *Königin der Nordsee* oder *St. Moritz des Nordens* bezeichnet wird. Heinrich Heine fühlte sich hier bei seinen Aufenthalten 1825 bis 1827 zu seinem Zyklus *Die Nordsee* inspiriert, in dem er die Insel und ihre Einwohner beschrieb, und zu der Reihe *Seestücke:* »Ich liebe das Meer, wie meine Seele. Oft wird mir sogar zumute, als sei das Meer eigentlich meine Seele selbst.«

Abgesehen von der Nordseesonne, die stets von einem kühlenden Wind gemildert wird, gehört auch das Reiten zu den Freuden des Strandlebens. Plakat, um 1935. Entwurf: Willy Hanke.

Der Fotograf Paul Wolff war ein Pionier der Kleinbildfotografie und schrieb zahlreiche Fotoratgeber.

Plakat, um 1935.

Sylt ist nicht nur die größte nordfriesische Insel – über den Hindenburgdamm mit dem Festland verbunden –, sondern nimmt auch durch die Tourismusentwicklung eine besondere Stellung ein. Unter den Seebädern und Ferienorten an der Nordsee hat Sylt einen magischen Klang. Thomas Mann notierte: »Baden vom Strandkorb in der gewaltigen Brandung. Begeisterung durch das Meer. Der große weiche Wind …«. Die Sylter selbst badeten anders als die Badegäste schon immer im Meer – nackt. Auch der dänische König Christian VIII. soll bei

Fahrplan des Salon-
dampfers Nordsee nach
und von Sylt, 1899.

Das Spiel mit den Wogen des
Meeres, in einem symbolistisch
angehauchten Plakat des
Landschafts- und Marinemalers
Franz Korwan, um 1910.

einer Stippvisite sich seiner Kleider entledigt haben und
in die Fluten gesprungen sein. Bereits 1920 eröffnete auf
Sylt der erste Nacktbadestrand (Max Frisch schrieb 1949
in sein Tagebuch: »Man badet hier ohne alles, und das ist
herrlich«), doch erst in den sechziger Jahren verbreitete
sich das etwas anrüchige *Nacktbaden* im Gefolge der se-
xuellen Revolution über die gesamte Insel. Heute haben
sich auch auf Sylt die Triebe wieder beruhigt; die Grenzen zwischen FKK- und »normalen« Stränden haben sich
längst verwischt.

Ostseebäder

Schon früh, Anfang des neunzehnten Jahrhunderts, entdeckte man an der Ostsee die heilende Kraft von Klima und Meer. Das älteste, bereits 1793 gegründete deutsche Seebad ist das Ostseeheilbad Heiligendamm, das als Ortsteil zu Bad Doberan in Mecklenburg-Vorpommern gehört. Auch Travemünde, Warnemünde, Sassnitz und Binz, Heringsdorf, Scharbeutz, Haffkrug, Zinnowitz, Zoppot sowie die heute zu Polen gehörenden Swinemünde und Misdroy haben erheblich zum guten Ruf der Ostsee-Badeorte beigetragen. Vor allem die klimatischen Eigenschaften der Küste sowie eine exzellente Luft- und Badewasserqualität sind für den vor allem in der zweiten Hälfte des neunzehnten Jahrhunderts und im ersten Drittel des zwanzigsten Jahrhunderts florierenden Bäderbetrieb an der Ostsee ausschlaggebend gewesen. Und nicht zuletzt die überragende Rolle der Eisenbahn, da erst mit diesem Verkehrsmittel die Bewohner von Metropolen wie Berlin und Sankt Petersburg in

Eher mit maritimen Attraktionen als mit Strandvergnügen präsentierte sich das Ostseebad Warnemünde auf diesem Plakat, um 1900. Entwurf: Paul Wallat.

Ostsee-Plakat, um 1930. Entwurf: Richard Friese.

nennenswerter Zahl zum Urlaub an die Ostsee gelangen konnten. Rügen, Usedom, die Kurische Nehrung – diese Region mit zahlreichen nostalgischen Sehnsuchtsorten konnte nach der Wiedervereinigung an den alten Glanz der Ostseebäder mit internationalem Publikum, das hier Erholung in einer einzigartigen Naturlandschaft sucht, anknüpfen.

Plakat des *Norddeutschen Lloyd,* 1914. Entwurf: Ludwig Hohlwein.

Ein Informationsplakat der Stettiner Dampfschiffs-Gesellschaft für Wartesäle und Bahnhofshallen, 1908. Entwurf: Willy Stower.

A sunny holiday
ON THE GERMAN COAST

Sonnige Ferien an der deutschen Küste versprach dieses Plakat der Deutschen Reichsbahn für das englische Publikum, um 1935.

Dänemark

DÄNEMARK
DAS LAND DES MEERES

Sonne trifft Nordlicht. Das schicke
Badekostüm in Rot mit zarten
weißen Streifen ist ein Hinweis
auf die Herkunft der Dame.
Zwei Plakate der dreißiger Jahre.

DÄNEMARK
DAS LAND DES MEERES

Nykobing Falster ist eine dänische Hafenstadt an der Westküste von Falster, die durch eine Klappbrücke für den Straßen- und Eisenbahnverkehr über den Guldborgsund mit der auf Lolland liegenden Stadt Sundby verbunden ist. Die gotische Kirche aus dem fünfzehnten und die Fachwerkhäuser aus dem sechzehnten bis achtzehnten Jahrhundert gelten als Sehenswürdigkeiten. Die Strände der großzügigen Badelandschaft sind König Christian IV. zu verdanken, der um 1600 die Küste begradigen und das Hinterland trocken legen ließ. Das Seebad Marielyst wurde 1906 eröffnet.

Die beiden Damen mit Hund blicken bewundernd auf die 1934 eröffnete Guldborgsund-Brücke, die die dänischen Inseln Falster und Lolland verbindet.

Schweden und Finnland

Sonne, Wind und Seenlandschaft
sind hier in einer sparsamen und
trotzdem stimmungsvollen Kom-
position zur Geltung gebracht.
Plakat, um 1950. Entwurf: I. Bade.

Der Turm des Stadshuset, des Stockholmer
Rathauses, ist hier in den Vordergrund
gerückt. Plakat, 1936. Entwurf: Iwar Donnér.

Plakat für eine Schifffahrt auf dem Göta
Canal, der vom großen Vänernsee bis an die
Ostsee führt. Plakat, 1936.

ORDDEUTSCHER LLOYD BREMEN

LLOYD
MMERFAHRTEN NACH DEM
NORDEN
3 Nordkapfahrten • Ostseefahrt
olarfahrt • 2 Schotl.-Norwegenfahrten
Rund-um-Englandfahrt

Sehnsucht nach dem Meer einmal anders:
Auf diesem Poster des Norddeutschen
Lloyds geht es nicht um Strandver-
gnügen, sondern um das Abenteuer
von Ostsee-, Nordkap- und Polarfahrten.
Plakat, 1935. Entwurf: Hugo Feldtmann.

Nicht eben von Wärme gesegnet, aber stets freundlich.
Es empfiehlt sich, eine warme Jacke dabei zu haben.
In den 1960er Jahren löste in der Tourismuswerbung
die Fotografie das klassische gezeichnete und gemalte
Werbesujet ab. Plakat, um 1965.

fly FINNAIR jet
to friendly Finland

Bildnachweis

Bibliografische Information der Deutschen Nationalbibliothek
Die Deutsche Nationalbibliothek verzeichnet diese Publikation
in der Deutschen Nationalbibliografie; detaillierte bibliografische
Daten sind im Internet über www.dnb-d-nb.de abrufbar.

1. Auflage

Grafische Gestaltung: Guter Punkt, München; Sabine Dunst
Lektorat & Recherche: Nadia Rapp-Wimberger
Typographie: Cuisine, Adobe Caslon
Papier: Hello Fat matt
Druck: Grasl FairPrint, Bad Vöslau

ISBN 978-3-85033-605-5

Christian Brandstätter Verlag
GmbH & Co KG
A-1080 Wien, Wickenburggasse 26
Telefon (+43-1) 512 15 43-0
Telefax (+43-1) 512 14 43-231
E-Mail: info@cbv.at
www.cbv.at

Printed in Austria